Sitzungsberichte
der Akademie der Wissenschaften
der DDR
Mathematik – Naturwissenschaften – Technik

6N
1978

B. Philipp, W. Schirmer, E. Töpfer

Wissenschaftliche Ergebnisse und Arbeitsrichtungen chemischer Institute der AdW der DDR

AKADEMIE-VERLAG · BERLIN

Sitzungsberichte
der Akademie der Wissenschaften
der DDR
Mathematik — Naturwissenschaft — Technik

Jahrgang 1978 · Nr. 6/N

B. Philipp, W. Schirmer, E. Töpfer

Wissenschaftliche Ergebnisse und Arbeitsrichtungen chemischer Institute der AdW der DDR

AKADEMIE-VERLAG · BERLIN
1978

Vorträge gehalten
in den Sitzungen der Klasse Chemie am 23. 9. 1976,
17. 2. 1977 und am 14. 4. 1977

Herausgegeben im Auftrage
des Präsidenten der Akademie
der Wissenschaften der DDR
von Vizepräsident Prof. Dr. Heinrich Scheel

Erschienen im Akademie-Verlag, 108 Berlin, Leipziger Str. 3–4

Lizenznummer: 202 · 100/218/78
Gesamtherstellung: VEB Druckhaus Köthen
Bestellnummer: 762 660 9 (2010/78/6/N) · LSV 12 15
Printed in GDR
DDR 6,– M

Inhalt

Burkart Philipp

Thermisch aktivierte Abbau- und Vernetzungsvorgänge bei linearen Polykondensaten

1. *Einführung*

Die Möglichkeiten des Werkstoffeinsatzes organischer Hochpolymerer und damit auch die Möglichkeiten einer Substitution metallischer und silikatischer Werkstoffe durch Plaste werden bekanntlich durch die relativ geringe Thermostabilität der meisten organischen Polymeren entscheidend eingeschränkt. So sind bis heute nur ganz wenige Polymerklassen bekannt, die Temperaturen oberhalb 250 °C längere Zeit standzuhalten vermögen. Auch die Prozesse der Polymerverformung und -verarbeitung, von denen sich viele im Temperaturbereich zwischen 150 und 300 °C abspielen, sind in ihrer Mehrzahl auf das Engste mit der sogenannten „Thermostabilität" der Polymeren verknüpft; schafft doch einerseits eine thermoplastische Verformbarkeit vieler Linearpolymerer schon bei relativ niedrigen Temperaturen die Voraussetzung für viele rationelle Verarbeitungstechnologien, wie z. B. das Spritzgießen oder das Schmelzspinnen und können doch andererseits schon in diesem Temperaturbereich thermisch aktivierte, insbesondere thermooxidative Zersetzungsreaktionen den Verarbeitungsprozeß empfindlich stören und zu schwerwiegenden Qualitätseinbußen im Endprodukt führen. Wie mit diesen Bemerkungen bereits angedeutet, müssen wir bei einer Diskussion über die sogenannte „Thermostabilität" von Polymeren grundsätzlich unterscheiden zwischen

- der sogenannten Wärmeformbeständigkeit, die unter anderem durch die Erweichungs- bzw. Schmelztemperatur charakterisiert werden kann, die im wesentlichen durch Kettensteifigkeit und Stärke der zwischenmolekularen Wechselwirkungen bestimmt wird und die somit in erster Näherung nichts zu tun hat mit irgendwelchen irreversiblen chemischen Veränderungen an den Polymerketten;
- der thermischen Stabilität (Temperaturbeständigkeit) der Polymerketten gegenüber Abbau- und Zersetzungsvorgängen, die unter Sprengung und Neuknüpfung covalenter Bindungen verlaufen und damit zu irreversiblen Veränderungen der chemischen Primärstruktur führen, wobei diese thermische Beständigkeit u. a. durch das C zu H-Verhältnis der Elementarzusammensetzung des Polymeren bestimmt wird;
- der Wärmebeständigkeit gegenüber einer chemisch oder physikalisch bedingten Abnahme von Werkstoffparametern bei thermischer Langzeitbeanspruchung.

Eine generelle Parallelität zwischen diesen Kriterien besteht offensichtlich nicht; es sind jedoch Bauprinzipien für Polymerstrukturen bekannt, die zu einer gleichzeitigen Erhöhung von Wärmeformbeständigkeit und Stabilität gegenüber Abbau- und Zersetzungsprozessen führen [vgl. 1].

Für die polymerchemische Forschung ergeben sich aus diesen Sachverhalten drei Aufgaben bzw. Arbeitsrichtungen, nämlich

- die Suche nach neuen Synthesewegen für thermostabile Primärstrukturen, von denen Abb. 1 einige heute für den Einsatz als temperaturbeständige Faserstoffe diskutierte zeigt;
- die Klärung von Kinetik und Mechanismus der thermischen Abbau- und Zersetzungsvorgänge bei konventionellen Polymerwerkstoffen, vor allem unter den Bedingungen ihrer Verarbeitung, um die nachteiligen Auswirkungen dieser Vorgänge in der Praxis zu minimieren;
- die Synthese bzw. Gewinnung von auf anderem Wege nicht rationell zugänglichen Zielprodukten mit Hilfe einer kontrollierten thermischen Zersetzung von Polymeren, wofür die Herstellung von Holzkohle und das Braten eines Steaks ausgesprochen klassische Beispiele, die Gewinnung hochfester, hochmoduliger Graphitendlosfäden aus Polyacrylnitril dagegen ein sehr modernes Beispiel darstellen.

1 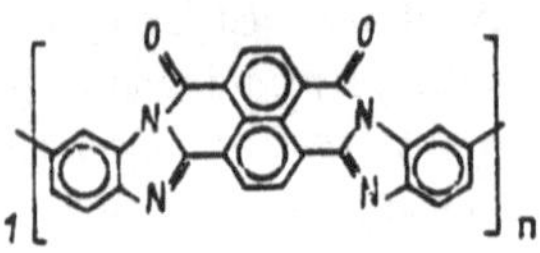

2 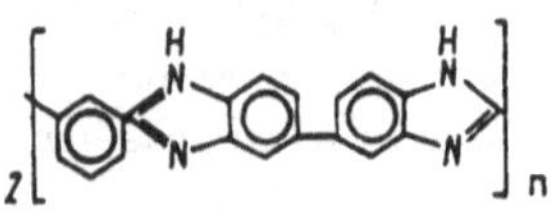

3 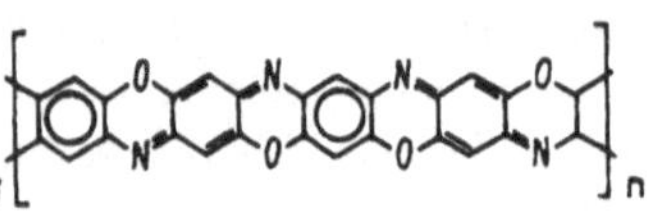

4 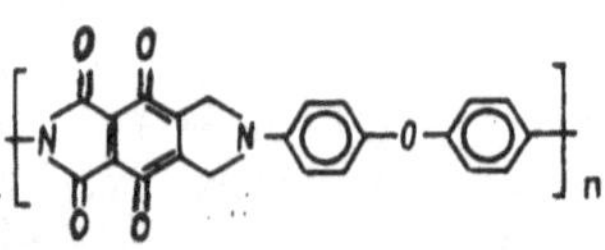

Abb. 1 Beispiele temperaturstabiler Polymerer
1 PBB, Poly-bis-benzimid-azobenzophenanthrolin, 2 PBI, Poly-m-phenylen-2,2'-5,5'-bibenzimidazol, 3 Polychinoxalin, 4 Polymid, Poly-pyromellithsäure-4,4'-diphenylätherimid

Im Institut für Polymerenchemie der Akademie der Wissenschaften werden alle drei Arbeitsrichtungen experimentell verfolgt; dieser Vortrag soll sich jedoch aus

Zeitgründen auf einige Ergebnisse der an zweiter Stelle genannten Richtung beschränken, indem im folgenden ein Überblick über Arbeitsergebnisse zu Kinetik und Mechanismus des thermischen Abbaus konventioneller Polymerer, speziell der linearen Polykondensate Polyäthylenterephthalat, Polyamid-6 und Cellulose gegeben wird.

2. *Experimentelle Ergebnisse zum thermischen Abbau linearer Polykondensate*

2.1. Thermischer und thermooxidativer Abbau von Polyäthylenterephthalat (PÄT)

Bei PÄT sind unter den Bedingungen des Schmelzspinnprozesses, also im Temperaturbereich bis etwa 300 °, folgende Primärvorgänge eines Kettenabbaus in Betracht zu ziehen:

- Thermisch aktivierte hydrolytische Spaltung der Esterbindungen durch im System anwesendes Wasser;
- Thermooxidative Kettenspaltung unter primärer Hydroperoxidbildung entsprechend dem Mechanismus nach Rieche;
- Thermische Kettenspaltung ohne Mitwirkung von Luftsauerstoff.

Tabelle 1
Einfluß des H_2O-Gehaltes auf den thermohydrolytischen Abbau von PÄT

% H_2O	$\bar{P}_n$	Abbau in %
0,00	110	0
0,01	98	11
0,02	89	19
0,05	69	37
0,10	46	58

Entsprechend einigen von Zimmermann angestellten Berechnungen (Tab. 1) können schon Wassergehalte weit unter 0,1% zu einer signifikanten Abnahme von Kettenlänge und Schmelzeviskosität führen und den Verarbeitungsprozeß empfindlich stören [2]. Schwerpunkt der von Zimmermann und Mitarbeitern im Institut für Polymerenchemie durchgeführten Experimentaluntersuchungen waren der rein thermische und der thermooxidative Abbau von PÄT. Der thermische Abbau ist phänomenologisch durch eine Abnahme der relativen Lösungsviskosität als Maß für den Polymerisationsgrad und durch eine Zunahme des Carboxylgruppengehaltes im Polymeren gekennzeichnet, wobei entsprechend Abb. 2 außer dem erwarteten Temperatureinfluß eine starke Abhängigkeit von den jeweils für den Kettenaufbauprozeß benutzten Umesterungs- und Polykondensationskatalysatoren — meist verschiedenartigen Schwermetallacetaten — zu verzeichnen ist. Aus unseren systematischen Untersuchungen läß sich in Verbindung mit Literaturdaten das in Abb. 3 dargestellte Schema für den thermischen Abbau wahrscheinlich machen.

Primärer Reaktionsschritt ist eine offensichtlich heterolytisch ablaufende Kettenspaltung, die jeweils zur Bildung einer Vinylester- und einer Carboxylgruppe führt. Solange die PÄT-Ketten noch genügend Hydroxylendgruppen enthalten, werden

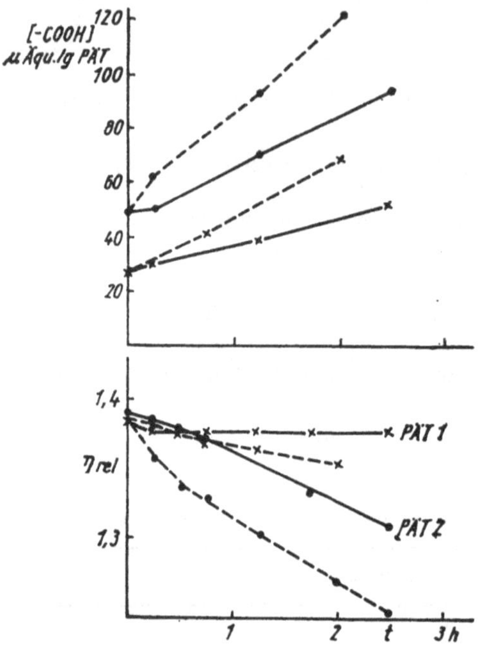

Abb. 2 Änderung der relativen Lösungsviskosität und des Carboxylgruppengehaltes beim Erhitzen von PÄT auf 280 °C (————) und 290 °C (— — — —) unter Stickstoff

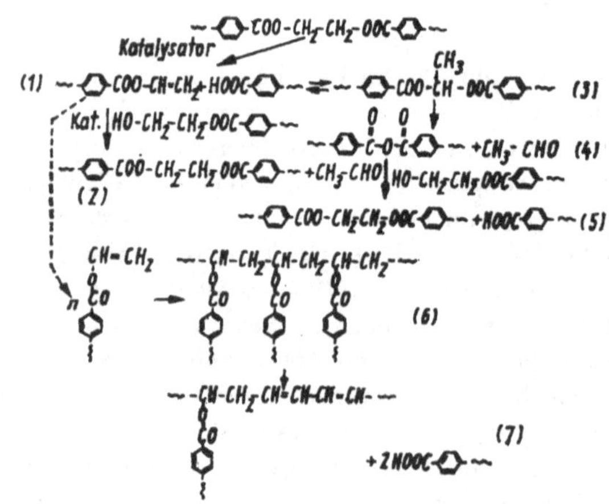

Abb. 3 Chemismus des thermischen Abbaus von Polyäthylenterephthalat

diese Vinylgruppen unter Abspaltung von sich sofort zu Acetaldehyd umlagerndem Vinylalkohol rasch durch diese Hydroxylgruppe umgeestert, wobei wieder ein normales PÄT-Kettenglied geknüpft wird und somit zunächst keine signifikante Molmasseerniedrigung eintritt, während der Carboxylgruppengehalt von Anfang an stetig ansteigt. Erst wenn die Zahl der Hydroxylgruppen schon relativ weit abgesunken ist, treten andere Folgereaktionen in den Vordergrund: so kann z. B. die Anhäufung von Vinylesterendgruppen zu deren Polymerisation unter Ausbildung verzweigter Polyesterketten führen, die Segmente vom Polyvinylterephthalat-Typ enthalten. Diese unterliegen wiederum der Esterspaltung, und zwar besonders rasch, da die in der Kette enthaltenen Doppelbindungen in dem Bestreben, ein konjugiertes System auszubilden, die weitere Abspaltung von Polyesterketten mit Carboxylgruppen begünstigt. So können in der Polyesterkette konjugierte Polyensequenzen entstehen, die die farbgebende Komponente in thermisch geschädigtem PÄT sein können. Ein von anderen Autoren diskutierter Kettenabbau vom Kettenende her ist auf Grund dieser Vorstellungen unwahrscheinlich, und eine manchmal diskutierte Blockierung der Hydroxylendgruppen zur Verbesserung der Thermostabilität bewirkt demnach bei PÄT gerade das Gegenteil, indem die Ausheilung primärer Kettenspaltungen durch Umesterung mit endständigen Hydroxylgruppen dadurch verhindert wird.

Vor allem die primäre Kettenspaltung unter Bildung von Vinylestergruppen und Carboxylgruppen, aber auch die Umesterung der Vinylestergruppen wird durch die üblicherweise im System anwesenden für den Kettenaufbauprozeß benötigten Katalysatoren in unterschiedlichem Maße beschleunigt. Verwendet man die Zunahme des Carboxylgruppengehaltes als Maßzahl der erfolgten Kettenspaltungen, so läßt sich unter Zugrundelegung eines Geschwindigkeitsgesetzes erster Ordnung eine RGK für den Kettenabbau errechnen, deren Abhängigkeit von der Art der Katalysatorkomponente in Tab. 2 zusammengefaßt ist.

Für die Praxis ist die Möglichkeit wichtig, die Beschleunigung des thermischen Abbaues etwa durch Manganionen durch Zusatz einer geeigneten organischen Phosphorverbindung weitgehend zu unterdrücken, deren thermische Zerfallsprodukte die betreffenden Metallionen komplex binden.

Tabelle 2
Reaktionsgeschwindigkeitskonstanten k und Aktivierungsenergien E_A des thermischen Abbaus von PÄT bei 280 °C unter Stickstoff in Abhängigkeit von verschiedenen Katalysatoren und den Aufbewahrungsbedingungen

Katalysator	unter Rühren	in stationärer Phase	
	k	k	E_A
$[10^{-4}\%]$	$[10^{-3}h^{-1}]$	$[10^{-3}h^{-1}]$	[Kcal/Mol]
20 Ca/428 Sb	0,53	1,01	46,0
70 Mn/76 Ge/79 P	0,56	1,05	46,0
20 Zn/160 Sb	0,70	1,45	42,7

Ein thermooxidativer Abbau von PÄT führt, ausgehend von der bekannten Hydroperoxidbildung als Primärreaktion, zu Bruchstücken mit recht ähnlichen funktionellen Gruppen, wie sie beim rein thermischen Abbau auftreten, in erster Linie wiederum zu Spaltstücken mit Vinylestergruppen und Carboxylgruppen.

Verständlicherweise ist daher auch hier ein dem rein thermischen Abbau analoger Einfluß von Metallionen festzustellen. Im Gegensatz zum rein thermischen Abbau führen außerdem oxidative Folgereaktionen zu mehr als bifunktionellen Bruchstücken, die Ausgangspunkt für Vernetzungen und damit für die Bildung unlöslicher und unschmelzbarer Gelanteile sein können. Nach unseren Erfahrungen erfordert allerdings die Bildung größerer nachweisbarer Mengen solcher Gelanteile schon eine recht weitgehende, unter normalen Betriebsbedingungen nicht auftretende thermooxidative Schädigung einer PÄT-Schmelze.

Wesentliche Informationen zur thermooxidativen Schädigung von PÄT-Granulaten unterhalb ihres Schmelzpunktes erhielten wir aus DTA-Untersuchungen (Abb. 4), insbesondere aus Lage und Größe des dem endothermen Schmelzpeak vorgelagerten exothermen Oxidationspeaks. In einer Stickstoffatmosphäre tritt nur der endotherme Schmelzpeak auf; die vorhin besprochenen rein thermischen Kettenspaltungsreaktionen sind auf Grund ihres geringen „Bruttoumsatzgrades" im Thermogramm nicht zu erkennen — ein erneuter Hinweis darauf, wie bei Poly-

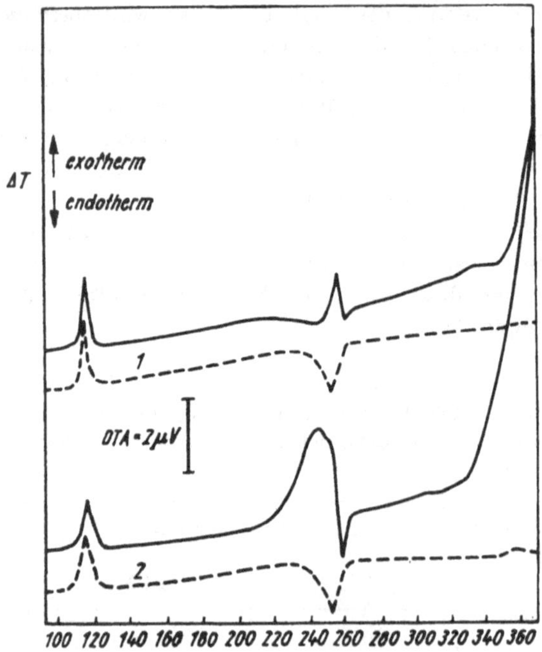

Abb. 4 DTA-Kurven von PÄT beim Erhitzen unter Luft (———) und unter Stickstoff (— — — —)

meren eine recht geringe, mit integralen Analysenmethoden nicht zu erkennende Anzahl von Kettenspaltungs- oder Kettenknüpfungsschritten die Produkteigenschaften bereits weitgehend verändern kann. In Anwesenheit von Luftsauerstoff werden Lage und Größe des exothermen Oxidationspeaks im wesentlichen durch drei Faktoren bestimmt, nämlich Art und Menge des anwesenden Metallkatalysators, Korngröße des Materials und ggf. Fremdbausteine in der Kette.

Unter diesen Fremdbausteinen spielen Diglykoläthergruppierungen eine besondere Rolle, da hier offensichtlich an der zum Äthersauerstoffatom benachbarten Methylgruppe die primäre Bildung des Hydroperoxids besonders rasch verläuft und durch dessen homolytische Spaltung dann natürlich auch entsprechend rasch in größerer Konzentration die vorhin genannten Spaltprodukte entstehen. Diese Empfindlichkeit von Glykoläthergruppen gegenüber einem thermooxidativen Abbau ist für die Praxis vor allem beim Übergang vom DMT-Verfahren zur Direktveresterung von Terephthalsäure von Bedeutung und begrenzt gleichzeitig die Möglichkeiten einer Modifizierung von Polyäthylenterephthalatketten durch Einbau von Polyglykolblöcken, bei denen diese Abbauempfindlichkeit natürlich in verstärktem Maße auftritt. Eine Inhibierung dieser Abbaureaktion ist entsprechend dem hier angedeuteten Reaktionsmechanismus durch Zugabe geeigneter Antioxidantien im Prinzip möglich.

2.2. Thermooxydativer Abbau von Polyamiden

Aus der Fülle der heute in der Literatur diskutierten thermischen und thermooxidativen Abbaureaktionen von Polyamiden sind in Abb. 5 einige experimentelle weitgehend gesicherte Reaktionswege zusammengefaßt. Auch hier treten sowohl Spaltungs- als auch Vernetzungsreaktionen infolge Bildung mehr als bifunktioneller Spaltstücke auf. Letztere können wiederum zum Entstehen unlöslicher und unschmelzbarer Gelanteile führen, die schon in sehr kleinen Mengen den Ablauf des Schmelzspinnprozesses empfindlich stören, so daß eine ausreichend empfindliche Methode zum Nachweis solcher Gelanteile eine Voraussetzung weiterführender prozeßanalytischer Arbeiten bei der Polyamidverspinnung war. Durch Untersuchungen von Reinisch, Jaeger und Jakob [3] wurde für diesen Zweck eine konduktometrische Impulsteilchenzählmethode entwickelt, mit der noch weniger als 100 ppm Gel im Polymeren erkannt werden können (Abb. 6).

Wie aus den folgenden Abb. 7 und 8 hervorgeht, wird die zeitliche Zunahme der Gelteilchenzahl im wesentlichen durch drei Faktoren bestimmt, nämlich

- erwartungsgemäß durch die Temperatur, bei der die thermische Schädigung erfolgt;
- durch die chemische Primärstruktur der Polyamidkette, wobei sich eine abnehmende Stabilität in der Reihenfolge Polyamid-6 — Polyamid-11 — Polyamid-6,6 ergibt;
- durch den Sauerstoffpartialdruck über der Polyamidschmelze.

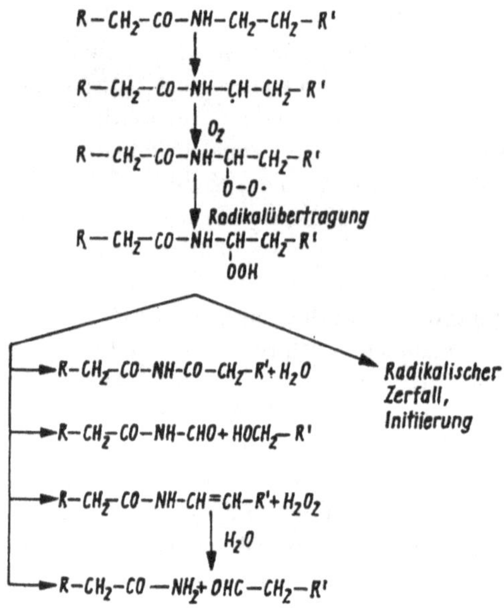

Abb. 5 Schema des thermooxidativen Abbaus von Polyamiden

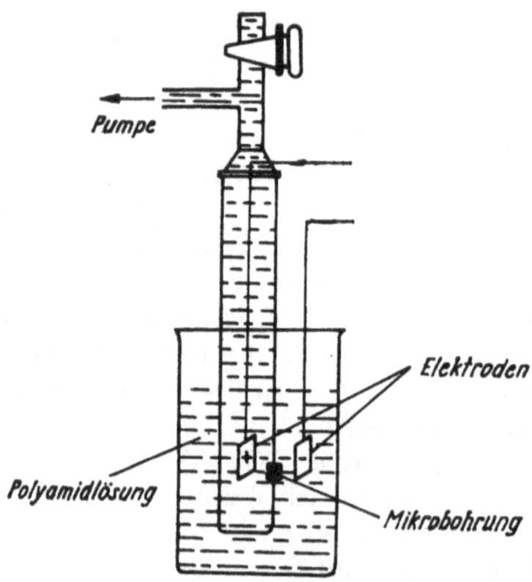

Abb. 6 Prinzip der konduktometrischen Impulsteilchenzählung

Die zeitliche Änderung der Partikelzahl, also die Zunahme der Anzahl der Inhomogenitäten im System, läßt sich dabei durch eine Beziehung

$$\text{Partikelzahl } Z_g = e^{(a \cdot t)^b}$$

wiedergeben, die der in der Kristallisationskinetik von Polymeren viel angewandten Avrami-Gleichung ähnelt.

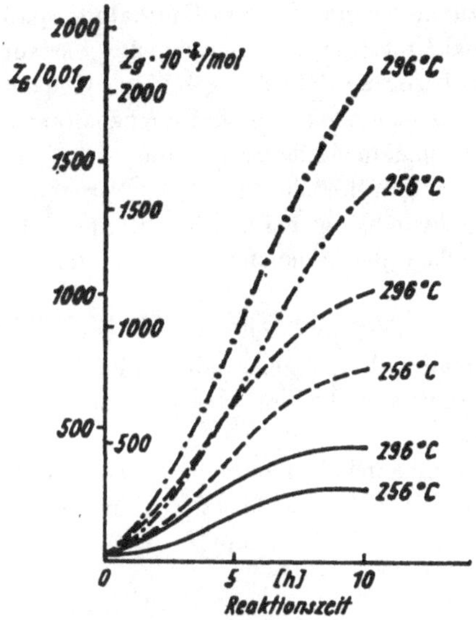

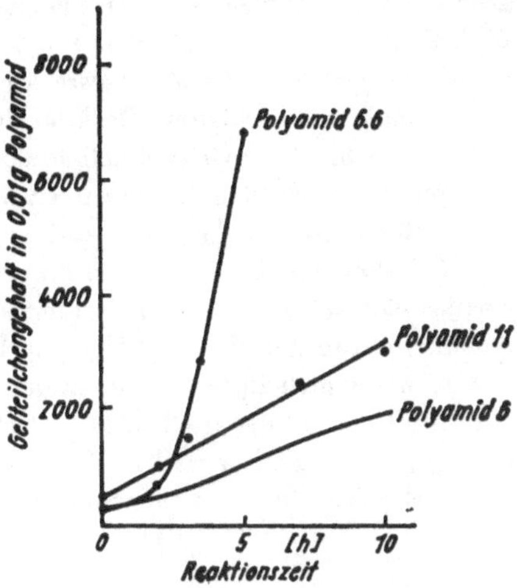

Abb. 7 Gelteilchengehalt Z_G von Polycaprolactam nach Thermaoxidation bei kleinen Sauerstoffpartialdrücken.
O_2-Angebot:
______ 0,057 m mol O_2/Grundmol-h
— — — — 0,566 m mol O_2/Grundmol-h
—·—·—·— 1,082 m mol O_2/Grundmol-h

Abb. 8 Gelteilchengehalt von Polyamiden unterschiedlicher Primärstruktur nach Thermooxidation bei 276 ° und 950 ppm O_2 im Schutzgas

Als recht interessant erwies sich eine Gegenüberstellung von Partikelzunahme und Sauerstoffaufnahme im gleichen Schmelzesystem unter Variation des Sauerstoffpartialdrucks in der Gasphase. Das von uns gefundene Zeitgesetz für die Sauerstoffaufnahme

$$\frac{d\,[O_2]\text{ geb.}}{dt} = K'\,[O_2]\text{ geb.} \qquad K' = K\,[O_2]_g$$

$[O_2]_g$ = O_2-Konzentration in der Gasphase
$[O_2]_{geb.}$ = vom Polymeren gebundene O_2-Menge

steht im Einklang mit der Vorstellung einer autokatalytisch beschleunigten Radikalreaktion, wobei wir auf Grund unserer kinetischen Untersuchungen annehmen, daß das primär gebildete Polyamidhydroperoxid mit unveränderten Polymeren reagiert, wobei als eines der Reaktionsprodukte ein mesomeriestabilisiertes Radikal am N-vicinalen C-Atom entsteht. Hinsichtlich der Folgereaktionen des thermooxidativen Abbaus, für die es bei Polyamid-6 ebensowenig wie bei anderen Polymeren bis jetzt ein in sich geschlossenes und vollständiges Reaktionsschema gibt, folgt aus dem Vergleich von Partikelzahlzunahme und Sauerstoffaufnahme, daß mit Erhöhung der O_2-Aufnahmegeschwindigkeit in der Polymerschmelze die auf gleiche Mengen aufgenommenen Sauerstoffs bezogene Zahl neu gebildeter Gelpartikel abnimmt, d. h. also, daß mit steigendem Sauerstoffangebot Kettenspaltungsreaktionen gegenüber Vernetzungsreaktionen zunehmend bevorzugt sind.

Die unter vergleichbaren Reaktionsbedingungen für die einzelnen Polyamide recht unterschiedliche Gelpartikelbildungsgeschwindigkeit bei gleichzeitig nur recht geringen Unterschieden in der Geschwindigkeit der Sauerstoffaufnahme könnte man vielleicht mit der Annahme erklären, daß

1. bei Polyamid-6,6 im Gegensatz zu Polyamid-6 und Polyamid-11 eine Gelpartikelbildung nicht nur durch thermooxidative Vorgänge, sondern auch durch rein thermische Zersetzung infolge Cyclisierung von Adipinsäureresten zu Cyclopentanonderivaten zustande kommt und daß

2. die zwar nicht so großen, aber doch signifikanten Unterschiede in der Gelbildungsgeschwindigkeit zwischen Polyamid-6 und Polyamid-11 durch eine unterschiedliche Verteilung des Sauerstoffs in der Schmelze bedingt sind.

2.3. Thermischer und thermohydrolytischer Abbau von Cellulose

Im Gegensatz zu den bisher besprochenen Arbeiten an PÄT und Polyamid-6 war bei unseren Untersuchungen zum thermischen Abbau der Cellulose nicht das Problem der Schädigung unter Verarbeitungsbedingungen, sondern vielmehr die Frage einer Gewinnung sogenannter mikrokristalliner Cellulosepulver als Zielprodukt eines definierten thermischen Abbaus der praxisrelevante Ausgangspunkt. Üblicherweise stellt man solche Cellulosepulver durch hydrolytischen Abbau von Holzzellstoff oder Baumwollinters mit verdünnter Mineralsäure bei etwa 100 °C her, wobei ein zunächst sehr rascher und dann immer langsamerer Abfall des Polymerisationsgrades bis zum sogenannten bei Werten zwischen 120 und 170 liegenden level-off-DP erfolgt, der dann bei weiterer Verlängerung der Hydrolysedauer konstant bleibt und nach den heutigen Vorstellungen mit den Abmessungen der hochgeordneten, von verdünnter Mineralsäure kaum angreifbaren Bereiche der Cellulosestruktur korreliert wird.

Bei den hier zur Diskussion stehenden Untersuchungen interessierte uns vor allem die Frage, ob unter den Bedingungen einer Hydrolyse mit Gemischen von HCl und Wasserdampf bei höherer Temperatur der gleiche LODP erreicht wird, wie bei Anwendung wäßriger Mineralsäure bei 100 ° und ob auch beim rein thermischen Abbau eine Art thermischer LODP auftritt. Die Ergebnisse dieser Arbeiten lassen sich dahingehend zusammenfassen, daß

1. im Temperaturbereich zwischen 140 und 200° auch beim rein thermischen und beim thermooxidativen Abbau der Cellulose kein Absinken des DP bis zu beliebig niedrigen Werten erfolgt, sondern ein bei DP-Werten um 200 liegender Endwert bzw. Minimalwert erreicht wurde und dann bei einzelnen Meßreihen ein

Wiederanstieg des viskosimetrisch ermittelten DP und schließlich die Bildung unlöslicher Anteile erfolgte,

2. bei einer Thermohydrolyse mit HCl-beladenem Wasserdampf im Temperaturbereich zwischen 100 und 200° der viskosimetrisch bestimmte DP ein ausgeprägtes Minimum durchläuft, um dann wieder anzusteigen, bis schließlich unlösliche, also offensichtlich vernetzte Anteile eine DP-Messung unmöglich machen;

3. der eben genannte Minimal-DP bei thermohydrolytischem Abbau mit steigender Hydrolysetemperatur nicht nur erwartungsgemäß schneller erreicht wird, sondern auch zu höheren Werten verschoben wird (Tab. 3);

Tabelle 3
Gemessener Minimalwert des DP beim thermohydrolytischen Abbau von Linters unter N_2 mit H_2O + HCl

Abbautemperatur °C	minimaler DP-Wert
200	281
170	208
140	205
105	168

4. bei rein thermischer bzw. auch bei thermooxidativer oder thermohydrolytischer Behandlung im Temperaturbereich zwischen 140 und 200° bei einem vorher mit wäßriger Salzsäure bis zum LODP abgebauten Cellulosepräparat ein signifikanter Anstieg des viskosimetrisch ermittelten DP auf Werte zwischen 200 und 300 erfolgt, bis schließlich auch hier unlösliche, eine aussagekräftige DP-Messung verhindernde Anteile entstehen (Abb. 9).

Unsere parallel zu den DP-Messungen durchgeführten konduktometrischen Gelpartikelzählungen nach Auflösen der thermisch behandelten Präparate in einem geeigneten Metallkomplexlösemittel für Cellulose bestätigten — wie Tab. 4 an einigen Beispielen zeigt — das Auftreten vernetzter unlöslicher Anteile sowohl nach längerer thermischer oder thermooxidativer Behandlung eines hochmolekularen Ausgangspräparates, als auch nach thermischer Belastung eines vorher mit wäßriger Mineralsäure bis zum LODP abgebauten Cellulosepulvers [vgl. 5].

Wurde ein thermisch oder thermooxidativ behandeltes Cellulosepulver, dessen DP dabei von etwa 150 auf Werte oberhalb 200 angestiegen war, anschließend bei 100 ° mit wäßriger, verdünnter Natronlauge oder wäßriger, verdünnter Salzsäure gekocht, so ließ ein Kochen mit Natronlauge den DP weitgehend unverändert, während eine Säurebehandlung zu einem relativ raschen Absinken auf den ursprünglichen LODP von etwa 140 bis 150 führte. Wir neigen daher zu der Annahme, daß eine Vernetzung zwischen den Celluloseketten bei thermischer Behandlung im wesentlichen durch die Ausbildung acetalartiger, säurespaltbarer Äthergruppen, vielleicht unter Beteiligung der bei thermischer Schädigung zusätzlich gebildeten Carbonylgruppen, zustande kommt.

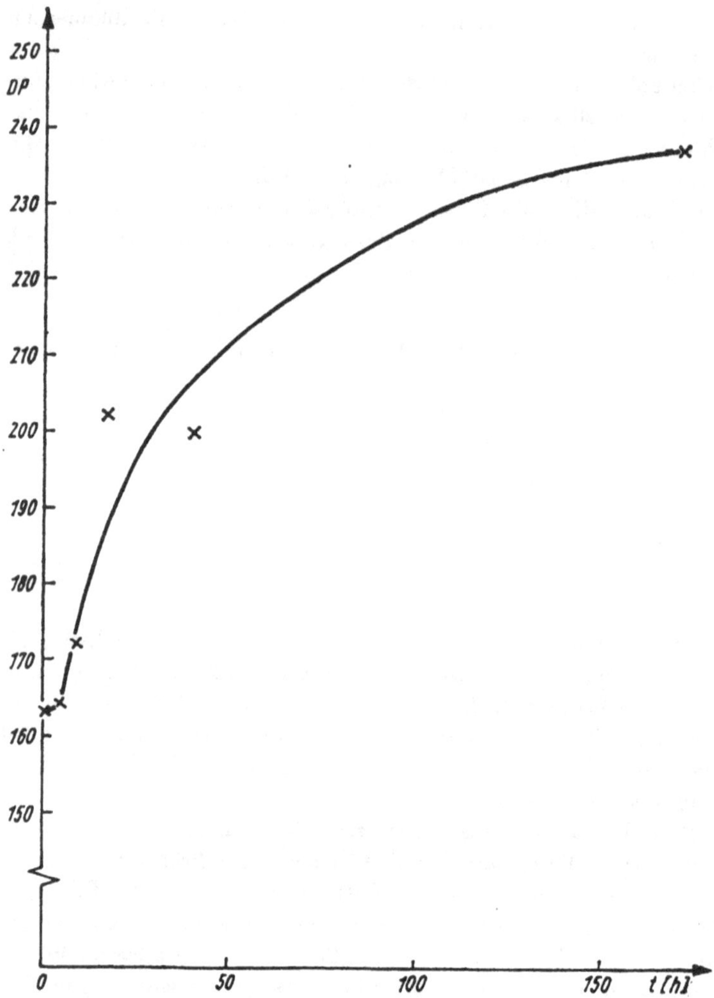

Abb. 9 DP-Anstieg bei einer hydrolisierten Linterscellulose nach Behandlung bei 170 °C unter N_2

Das wesentliche wissenschaftliche Ergebnis unserer Arbeiten sehen wir in einer Relativierung des LODP-Begriffes: während ein unterschiedlicher LODP bisher ausschließlich mit Unterschieden im übermolekularen Ordnungsgrad des Präparates korreliert und in diesem Sinne als definierte Strukturkenngröße betrachtet wurde, wird er nach unseren Ergebnissen nicht nur durch die übermolekulare Struktur des Ausgangspräparates, sondern in wesentlichem Umfange auch durch das temperatur- und medienabhängige Wechselspiel von Abbau und Vernetzungsvorgängen bestimmt.

Tabelle 4
Gelpartikelzahl in Celluloseproben nach unterschiedlicher thermischer Behandlung

Probe	Behandlungs-bedingungen	Behandlungs-dauer [h]	Partikelzahl × 10^{-3} pro g Cellulose
Fichtensulfit-zellstoff	170°/N_2	0	352
		1	856
		40	4410
Linters hydrolisiert	170°/N_2	0	60
		4	66
		16	214
Buchensulfit-zellstoff, hydrolisiert	170°/N_2	0	4
		8	44
Buchensulfit-zellstoff, hydrolisiert	170°/Luft	0	4
		8	64

3. *Zusammenfassende Diskussion und Schlußfolgerungen*

Die praktisch-volkswirtschaftliche Bedeutung thermischer Abbauvorgänge für Einsatzmöglichkeiten und Lebensdauer organischer Polymerwerkstoffe wurde in diesem Vortrag schon mehrfach betont und soll daher hier nur noch einmal summarisch hervorgehoben werden. Unter wissenschaftlichen Aspekten müssen diese thermischen Abbauvorgänge im Gesamtrahmen des Abbaus von Polymerketten betrachtet werden, wobei man generell feststellen kann, daß

1. infolge der zahlreichen Möglichkeiten zur Erzielung einer primären Kettenspaltung, zum Beispiel durch Wärme, durch elektromagnetische Strahlung, durch konventionelle chemische Umsetzung oder mikrobiellen Angriff, sowie infolge der breiten Palette möglicher Folgereaktionen diese Abbauvorgänge von Polymerketten nicht analog den Aufbaureaktionen in übersichtlicher Weise systematisiert werden können, sondern vielmehr polymerspezifisch ablaufen und somit eine Übertragung und Verallgemeinerung mechanistisch-kinetischer Modelle nur in sehr begrenztem Umfange zulassen;

2. eine Untersuchung solcher Abbaureaktionen anhand niedermolekularer Modelle zwar in Einzelfällen nützliche Aussagen hinsichtlich des primären Reaktionsschrittes gibt, Rückschlüsse auf das Verhalten des Polymeren jedoch nur bedingt zuläßt, da hier kooperative Effekte entlang der Kette, wie z. B. eine Ausbildung von Polymerstrukturen oder aber entlang des Makromoleküls ablaufende Kettenreaktionen den Verlauf entscheidend beeinflussen können.

Diese Feststellungen treffen grundsätzlich auch für den hier speziell behandelten thermischen Abbau linearer Polykondensate zu, indem auch hier jedes der betrachteten Polymeren seine eigenen spezifischen Probleme aufwirft und eine Verallgemeinerung der bei systematischen Untersuchungen gewonnenen Erkenntnisse nur recht begrenzt möglich ist. Trotz dieser notwendigen Einschränkung lassen sich aus unseren Ergebnissen folgende allgemeinen Schlußfolgerungen ableiten:

1. Je nach den angewandten äußeren Bedingungen ist mit einer unterschiedlichen Überlagerung von rein thermischem Abbau, Thermohydrolyse und thermooxidativem Abbau zu rechnen, wobei in den beiden letztgenannten Fällen bei allen 3 Polymeren eine analoge Primärreaktion auftritt, während beim rein thermischen Abbau die primäre Kettenspaltung ausgesprochen polymerspezifisch erfolgt.

2. Entgegen der noch vielfach herrschenden Vorstellung, die chemischen Vorgänge bei thermischer Belastung linearer Polymerer in erster Linie in einer Kettenspaltung und Kettenverkürzung zu sehen, muß gerade auch auf Grund unserer an linearen Polykondensaten erzielten Ergebnisse nachdrücklich auf die Notwendigkeit einer komplexen Betrachtung von Abbau- und Vernetzungsvorgängen hingewiesen werden. Gerade auch diese Vernetzungsvorgänge üben einen entscheidenden Einfluß auf die Verarbeitungs- und Produkteigenschaften nach thermischer Schädigung aus, wobei allerdings auch hier wieder hinsichtlich Art, Anzahl und Stabilität der Vernetzungsbrücken ein polymerspezifisches Verhalten zu beobachten ist.

3. Bei Überlegungen und Untersuchungen zum zeitlichen Ablauf thermisch aktivierter Abbau- und Vernetzungsreaktionen muß der Heterogencharakter der Umsetzungen berücksichtigt werden, der sich u. a. in einem starken Einfluß der geometrischen Abmessungen, wie auch der übermolekularen Ordnung des Probenmaterials auf den Abbauverlauf äußert. Auf den Einfluß der Probengeometrie wurde im Zusammenhang mit dem thermooxidativen Abbau von PÄT bereits hingewiesen; bei Cellulose konnten wir allein durch Variation des übermolekularen Ordnungszustandes die RGK der Kettenspaltung beim rein thermischen Abbau im Verhältnis 1 : 20 variieren.

4. Gerade auch bei der Diskussion thermisch aktivierter Abbau- und Zersetzungsvorgänge an Polymeren muß man davon ausgehen, daß Polymerketten nur in seltenen Fällen dem idealen Formelbild entsprechen, sondern meist vom Aufbauprozeß her Fremdgruppen bzw. „Störstellen" enthalten, an denen thermische oder thermooxidative Kettenspaltungsvorgänge bevorzugt erfolgen können und die somit den gesamten Abbauverlauf entscheidend mitbestimmen können.

5. Besonders beim thermooxidativen Abbau, aber auch im Falle des PÄT beim rein thermischen Abbau können anwesende Schwermetalle die Reaktionen an der Polymerkette erheblich beschleunigen, wobei wir bis jetzt noch nicht über eine geschlossene theoretische Deutung der Unterschiede in der Wirkung verschiedener Schwermetallionen verfügen. Darüber hinaus können auch andere, in geringerer Menge anwesende Fremdsubstanzen thermische Abbau- und Zersetzungsvorgänge bei Polymeren oft beeinflussen, d. h. sowohl beschleunigen als auch verlangsamen.

Ein wesentliches verallgemeinerungsfähiges Ergebnis unserer Arbeiten sehen wir gleichzeitig auch in der Entwicklung einer geeigneten komplexen Untersuchungsmethodik, die klassische und instrumentelle Methoden der chemischen Analytik, physikochemische und physikalische Methoden in ausgewogener Weise umfaßt und vor allem auch die Möglichkeiten zur Ermittlung von Inhomogenitäten und Verteilungsspektren auf den verschiedenen Strukturebenen einschließt.

Was schließlich die künftigen Aufgaben auf diesem Arbeitsgebiet anbelangt, so erscheint es einerseits notwendig, vor allem für die sogenannten Massenpolymere vertiefte Untersuchungen zum Mechanismus thermisch aktivierter Abbau- und Vernetzungsvorgänge durchzuführen, um Möglichkeiten einer Thermostabilisierung objektiv beurteilen zu können. Zum anderen ist es erforderlich, konzeptionell und experimentell die Brücke zwischen dieser reaktionsmechanistischen Betrachtung der Abbauvorgänge und den aus einer Vielzahl phänomenologischer Untersuchungen gut bekannter Veränderungen der Werkstoffeigenschaften organischer Polymerer infolge dieser Vorgänge zu schlagen.

Literatur

[1] Vgl. Übersicht B. Philipp und Chr. Bauer: Textiltechnik **25** (1975), S. 217–219, 279 bis 285.

[2] H. Zimmermann: Lenzinger Berichte Folge **36** (1974), S. 64–75.

[3] W. Jaeger, W. Jakob und G. Reinisch: Faserforsch. u. Textiltechnik 21 (1970), S. 529–536.

[4] W. Jaeger und M. Schneider: Faserforsch. u. Textiltechnik/Z. Polymerforsch. 25 (1974), S. 429–434; W. Jaeger, G. Reinisch und M. Schneider: Faserforsch. u. Textiltechn./Z. Polymerforsch. **27** (1976), S. 223–228.

[5] B. Philipp und W. Stöhr: Faserforsch. u. Textiltechn. **24**, (1973), S. 143–146.

Wolfgang Schirmer

Der Einsatz nichtstationärer Untersuchungsmethoden in der physikalischen Chemie

Neuere Ergebnisse methodischer Arbeiten aus dem Zentralinstitut für physikalische Chemie [ZIPC]

1. Einleitung

In der Forschung besteht zwischen Problemen und Methoden eine ständige Wechselwirkung. Die Möglichkeit, bei der Bearbeitung bekannter Probleme neue Erkenntnisse zu gewinnen, hängt vor allem von der Leistungsfähigkeit der Untersuchungsmethoden ab. Neue Forschungsaufgaben können oft erst dann erfolgreich bearbeitet werden, wenn hierfür geeignete Methoden entwickelt wurden.

So erhielt die Ramanspektroskopie durch die Einführung von Laserstrahlquellen einen beträchtlichen Auftrieb. Die ausgeprägte Monochromasie und Kohärenz des Laserstrahls, seine große Intensität und Bündelungsschärfe gestatten es, die Frequenz und die Intensität der Ramanlinien mit wesentlich größerer Genauigkeit als bisher zu bestimmen und die Ramanspektroskopie auf die Untersuchung von Festkörpern und die Bearbeitung nichtlinearer Effekte auszudehnen.

Die Einführung der Fotoelektronenspektroskopie ermöglicht es, Bindungsenergien von Atomen im oberflächennahen Bereich mit viel größerer Genauigkeit als bisher zu bestimmen, ja sie gibt sogar die Möglichkeit, daraus unmittelbar die aus der Quantentheorie abgeleiteten Orbitale zu ermitteln.

Forschungsprobleme beeinflussen ihrerseits wiederum die Entwicklung von Methoden. So löste der Wunsch, den Reaktionsmechanismus pyrolytischer Umsetzungen von Kohlenwasserstoffen bei hohen Temperaturen untersuchen zu können, die Entwicklung der Plasmastrahldiagnostik aus.

Die Forderung nach genauer Kenntnis dynamischer Vorgänge in mikroporösen Adsorbentien förderte die weitere Entwicklung der Spin-Echomethode der Kernresonanzspektroskopie und stellte der Methode der gepulsten Feldgradienten neue Aufgaben.

Methodischer Fortschritt und neue Erkenntnisse sind also in der Grundlagenforschung untrennbar miteinander verbunden. Dieser Grundsatz beherrscht auch die Entwicklung der in den letzten Jahren durchgeführten Arbeiten des Zentralinstituts für physikalische Chemie der Akademie der Wissenschaften [ZIPC]. Obwohl wir uns gerade in dieser Zeit sehr stark bemühten, das theoretische Fundament unserer Forschung zu festigen, lag der Schwerpunkt der Arbeiten weiterhin, entsprechend dem allgemeinen Erkenntnisstand in der Chemie, auf experimentellem Gebiet.

Deshalb kommt der Entwicklung neuer, leistungsfähiger Untersuchungsmethoden große Bedeutung zu. Damit sich diese in der experimentellen Praxis der wissenschaftlichen Arbeit durchsetzen können, müssen sie folgenden Anforderungen gerecht werden:

1. Die angewandten Prinzipien müssen bisher nicht zugängliche Informationen über Zustand und Vorgänge in den untersuchten Systemen liefern.
Diese Bedingung erfüllt zum Beispiel der Einsatz des Laserstrahls als Lichtquelle für spektroskopische Methoden. Über Jahrzehnte hinweg wurden die Anwendungsmöglichkeiten der Infrarotspektroskopie systematisch erweitert. Der Einsatz von Beugungsgittern anstelle von Prismen erschloß alle Wellenlängenbereiche bis zum fernen Infrarot. Die Neuentwicklung stellen Interferometer mit Fourierauswertung dar. Sie führten zu einer wesentlich größeren spektralen Auflösung als die bisherigen Meßprinzipien. Durch den Einsatz fotoelektrischer Strahlungsempfänger kann die Empfindlichkeit der Methode bis zum Nachweis von 10^{-12} W gesteigert werden.

2. Die Meßergebnisse müssen sich durch erhöhte Genauigkeit und bessere Reproduzierbarkeit auszeichnen.
Gelang es zum Beispiel bisher, Vorgänge der Reaktionskinetik im Milli- und Mikrosekundenbereich aufzulösen, so sind heute Techniken, die vor allem auf optischen Methoden beruhen, bekannt, die in den Nanosekundenbereich und darüber hinaus vorzudringen vermögen.

Die Reproduzierbarkeit der Ergebnisse wird wesentlich durch die zur Verwirklichung des Meßprinzips angewandten experimentellen Bedingungen und Auswertungsverfahren bestimmt. Automatisch geregelte Methoden zeichnen sich durch eine hohe Konstanz der Parameter aus. Die Computertechnik gestattet es, schneller als bisher im Ablauf der Messungen Abweichungen zu erkennen, ihre Ursachen zu beseitigen und damit die Reproduzierbarkeit der Ergebnisse zu erhöhen.

3. Sie müssen einen geringen Aufwand an lebendiger Arbeit erfordern. Neue Untersuchungsverfahren sollten prinzipiell automatisierbar sein. Ihre Ergebnisse sollten durch Rechner ausgewertet werden können. Sie sollten sich durch Sicherheit und Einfachheit in der Bedienung und durch eine möglichst vollständige Auswertung aller erhaltenen Informationen auszeichnen.
So stehen in der optischen Molekülspektroskopie die Parameter Frequenz, Intensität, Bandenprofil und Linienabstand zur Auswertung zur Verfügung, wobei die Zusammenhänge mit den zugrunde liegenden Molekülvorgängen eindeutig hergestellt werden müssen. Eventuell müssen Verfahren der Datenreduktion eine Konzentration auf das Wesentliche möglich machen.

4. Sie müssen möglichst allgemein anwendbar sein und sollten für mehrere verwandte Forschungsgebiete Bedeutung haben. Hierbei sollte man jedoch die Anforderungen nicht zu hoch schrauben. Oft macht es gerade die Tatsache, daß die Leistungsfähigkeit einer Methode auf einen hohen Stand gebracht wurde, erforder-

lich, sich stark den spezifischen Problemen anzupassen, die untersucht werden. Das aber schränkt meistens ihren allgemeinen Einsatz ein. Ihre Anwendung auf andere ähnliche Probleme kann daher nicht schematisch erfolgen, sondern nur nach sorgfältiger Analyse der geforderten Aussagen.
Allgemeine Erfahrungen und spezifische Einsatzbedingungen müssen sich also ergänzen. Das wiederum setzt regelmäßigen Erfahrungsaustausch aller interessierten Forscher voraus. Methodenentwicklung ist eine Sache enger wissenschaftlicher Kooperation. Ein solches Beispiel werde ich in den kommenden Ausführungen noch darstellen.

Es werden sich besonders solche Untersuchungsmethoden durchsetzen, die es gestatten, auf aktuellen Forschungsgebieten neue wichtige Erkenntnisse zu liefern.

Für die Aufgaben des Zentralinstituts für physikalische Chemie sind das die Forschungsgebiete:

- Aufbau und Struktur von Phasengrenzen,
- Reaktionskinetik in heterogenen Systemen,
- Struktur und Reaktionsfähigkeit des Festkörpers,
- Struktur und Wirkungsweise aktiver Zentren an Katalysatoroberflächen,
- Aufbau und Adsorptionsfähigkeit mikroporöser Festkörper,
- Untersuchung des Zustandes und des Verhaltens von Stoffen unter extremen Bedingungen, z. B. im Plasma.

Unter dem Begriff „Entwicklung“ von Untersuchungsmethoden möchte ich hier nicht nur die Ausarbeitung neuer Methoden verstehen, sondern auch die Verbesserung bereits bekannter oder die Wiederbelebung von nahezu in Vergessenheit geratener Verfahren unter dem Aspekt einer neuen Aufgabenstellung.

Die physikalische Chemie betrachtete es schon immer als eine ihrer vordringlichen Aufgaben, zum methodischen Fortschritt in der Chemie beizutragen. Viele klassische Methoden zur Bestimmung thermodynamischer und kinetischer Parameter von Systemen, zur Ermittlung der Struktur von Molekülen und Phasen und des Aufbaus von Grenzflächen wurden in der Vergangenheit zu hoher Leistungsfähigkeit entwickelt. Sie waren die Voraussetzung dafür, daß die Chemie ein umfangreiches Material über die Reaktionsfähigkeit der Materie zusammentragen, unter einheitlichen Gesichtspunkten theoretisch auswerten und für die wissenschaftliche Fundierung der Prozesse der stoffwandelnden Industrie bereitstellen konnte.

In letzter Zeit nahm der Einfluß von vorwiegend auf physikalischen Zusammenhängen basierenden Methoden auf die Untersuchung chemischer Probleme zu. Heute stehen viele leistungsfähige Methoden, in denen Elementanalyse und Strukturbestimmung eng miteinander verbunden sind, zur Verfügung. Durch komplexe Anwendung solcher Methoden können heute viele oft stark ins Detail gehende Ergebnisse erhalten werden, an die noch vor einem Jahrzehnt nicht zu denken war. Diese Entwicklung wird sich fortsetzen. Aus ihr wird die physikalische Chemie auch in Zukunft bedeutende Forschungsaufgaben ableiten.

Die Beziehungen zwischen den Eigenschaften von Molekülen und den makroskopischen Parametern der aus ihnen bestehenden Stoffe sind eine aktuelle, in vielen Fällen noch ungelöste Forschungsaufgabe der physikalischen Chemie. Die der chemischen Reaktion zugrunde liegenden Elementarvorgänge des Stoff- und Energieaustausches und der Phasenumwandlungen sind oft sehr komplexer Natur. Da sie aber bei der Synthese neuer chemischer Verbindungen, in der Biologie und vor allem auch in technischen Prozessen eine große Rolle spielen, ist ihr Studium dringend erforderlich.

Komplexität schließt sehr oft Vorgänge in mehreren Phasen ein. Wir betrachten es daher als unsere Aufgabe, hierfür rationelle Untersuchungsmethoden zu entwickeln, die es bei einem geringen Aufwand an Arbeitszeit und Material möglich machen, komplexe Reaktionen unter reaktionsnahen Bedingungen untersuchen zu können. Hierfür eignen sich nichtstationäre, nach dem Prinzip der Impulstechnik arbeitende Methoden. Sie zeichnen sich dadurch aus, daß die Einsatzparameter vielfältig variiert und die Ergebnisse auf einfache Weise ausgewertet werden können. In diesen Punkten sind sie, ebenso was den geringen Aufwand an Arbeitszeit angeht, den bisher angewandten konventionellen Verfahren überlegen.

Die Impulstechnik arbeitet mit Änderungen einer Eigenschaft des Systems, die im Bereich von Millisekunden ablaufen können. Hierfür können die Konzentration, die Temperatur, die Strömungsgeschwindigkeit oder Eigenschaften des elektrischen Feldes eingesetzt werden. Neue Erkenntnisse gewinnt man hieraus, indem man prüft, in welcher Form das System auf den aufgeprägten Impuls „antwortet“. Aus der Form dieser Antwortkurve kann nicht nur auf das Verhalten des Gesamtsystems, sondern bei Vorliegen geeigneter Modellvorstellungen auch auf Einzelvorgänge innerhalb des Systems geschlossen werden. Die Impulstechnik wird bereits seit längerer Zeit mit Erfolg in der Gaschromatographie angewandt.

Man unterscheidet verschiedene Arten von Impulsen:

1. Den kurzzeitigen Nadel- oder Dirac-Impuls, dessen spektrale Leistungsdichte unabhängig von der Größe der Meßfrequenz ist. Er benötigt eine geringe Menge an Tracersubstanz. Die im Experiment geforderte Erzeugung möglichst senkrechter Impulsflanken bereitet Schwierigkeiten. Da es aber im praktischen Fall nur darauf ankommt, daß die Zeit zum Erreichen des Impulsmaximums kleiner ist als die Zeitkonstante des Systems, wird diese Impulsform oft verwendet. (Zur Theorie der Impulstechnik vergleiche die entsprechenden Untersuchungen von D. Gelbin, K.-H. Radeke des ZIPC.)

2. Den längerandauernden Impuls, der in Rechteck-, Dreieck-, Trapez- oder „Sägezahn“-Form auftreten kann. Diese Impulsformen sind zusammengesetzte Signale, für die die unter 1 genannten Prinzipien ebenfalls zutreffen.

3. Das Stufensignal, das in Form eines Konzentrations-, Temperatur- oder Potentialsprungs gestaltet sein kann. Bei großen Zeitkonstanten zeichnen sich diese Formen durch einen geringen Fehler aus. Da das System von einem stationären Zustand in einen anderen übergeht, ist der Einsatz an Tracermenge erheblich größer als bei 1. Für die Flankensteilheit gelten hier ähnliche Bedingungen wie beim Nadelimpuls.

4. Die Oszillation. Diese periodisch wiederkehrende Störung hat für reaktionskinetische Untersuchungen in offenen Systemen zunehmende Bedeutung. Am ZIPC wurde sie bisher noch nicht eingesetzt.

Am häufigsten wurde von uns das Stufensignal in Form des Konzentrations- oder Temperatursprungs angewandt. Üblicherweise läßt sich der Sprung bei ausreichender Flankensteilheit innerhalb weniger Millisekunden ausführen.

2. *Die Anwendung von Relaxationsverfahren in der heterogenen Katalyse*

Unter Leitung unseres Mitgliedes G. Öhlmann wurden am ZIPC nichtstationäre Methoden bei der Untersuchung von Teilreaktionen komplexer Systeme in der heterogenen Katalyse eingesetzt, wobei vor allem die Methode des Konzentrationssprungs gewählt wurde. Die Methode gestattet vielfälige Varianten und damit auch entsprechende Aussagen über Einzelschritte und Mechanismen der komplexen Reaktion.

Unter reaktionsnahen Bedingungen wurden zum Beispiel folgende Eigenschaften einer katalysierten Reaktion untersucht:

- die Adsorption und die Desorption von Reaktionsteilnehmern,
- relative Reaktionsgeschwindigkeiten von Teilvorgängen,
- kinetisches Verhalten von Adsorptionskomplexen,
- Diffusionsvorgänge,
- Aussagen über die Struktur und Eigenschaften der Katalysatoroberfläche.

Nach Aufprägung des Konzentrationssprungs ist das System bestrebt, so schnell wie möglich einen neuen stationären Zustand herzustellen. Bei kleinen Abweichungen treten lineare Beziehungen zwischen den Konzentrationen auf. In der Gasphase verlaufen Relaxationsvorgänge im allgemeinen im Zeitintervall zwischen 10^{-5} bis 10^{-9} s. In heterogenen Systemen können sich Relaxationsvorgänge, die durch die besondere Struktur der teilnehmenden Phasen bedingt sind, über wesentlich längere Zeiträume bis in Minutenbereiche erstrecken.

In einer von M. Richter an unserem Institut durchgeführten Arbeit war die katalytische Oxydation von Äthylalkohol zu Acetaldehyd Gegenstand der Untersuchung. Bei dieser Umsetzung tritt Äthylen als Nebenprodukt auf. Zu Beginn dieser Arbeit war bekannt, daß die Reaktion über die folgenden Teilschritte nach einem Langmuir-Hinshelwood-Mechanismus abläuft:

$$C_2H_5OH \rightarrow C_2H_5OH \cdot Kat$$

$$O_2 \rightarrow O_2 \cdot Kat$$

$$C_2H_5OH \cdot Kat + O_2 \cdot Kat \rightarrow CH_3CHO + H_2O_{ads}$$

Die für diese Aufgabenstellung eingesetzte Apparatur ist in Abb. 1 dargestellt.

Die Einstellung des gewünschten Äthanolpartialdrucks wurde in den Verdampfungsgefäßen, deren Temperatur unterschiedlich geregelt werden konnte, gewährleistet. Durch eine Zumischung von Stickstoff ließen sich bei einer Gesamtströmungsgeschwindigkeit von 20 l/h und Verdampfertemperaturen von 15 °C—40 °C Äthanolpartialdrücke von 2 Torr—40 Torr einstellen. Um Relaxationsuntersuchungen durchführen zu können, wurde ein zusätzliches System der Gemischaufbereitung eingerichtet, durch das ein Gasstrom gleicher Strömungsgeschwindigkeit, aber veränderter Konzentration der Komponenten geleitet werden konnte. Durch Drosseln wurde die Strömungsgeschwindigkeit des Sauerstoffstromes im Bereich von 1 l/h—3 l/h konstant gehalten. Beide Gemischströme liefen im Achtwegehahn h_1 zusammen. Die Gemischzusammensetzungen wurden gaschromatographisch analysiert. Die Analysenmethode lieferte innerhalb von 60 s die auftretenden Konzentrationswerte. Dieses Zeitintervall erlaubte eine genügend genaue Verfolgung des zeitlichen Ablaufs der Relaxationsvorgänge.

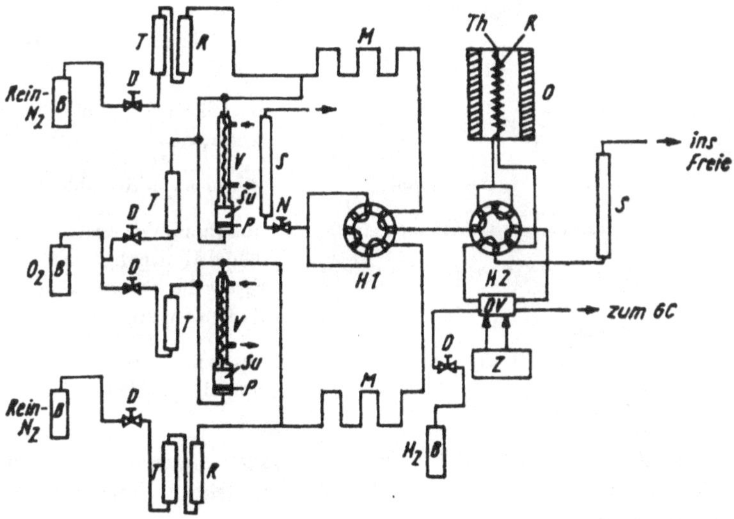

Abb. 1 Apparatur zur katalytischen Oxidation von Äthylalkohol zu Acetaldehyd

In der nachfolgenden Übersicht (Tab. 1) sind verschiedene Anwendungsmöglichkeiten der Methode des Konzentrationssprungs dargestellt.

In der Spalte „charakteristische Aussage" ist die Eigenschaft des reagierenden Systems dargestellt, die mit der jeweilig angewandten Form der Umschaltung der Gasströme analysiert werden konnte. Auf diese Weise wurden Untersuchungsergebnisse erhalten, die uns über zahlreiche Stadien der Komplexreaktion Klarheit verschafften.

Die Methode hat ihre Grenzen dort, wo für eine endgültige Aussage zusätzliche Eigenschaften des untersuchten Systems bestimmt werden müssen. So lassen sich allein durch Relaxationsmessungen keine Angaben über die Struktur der aktiven Zentren des Katalysators machen. Zwischen einem Mechanismus, der den Ablauf der Reduktion und Reoxidation in zwei aufeinanderfolgenden Stadien oder in

Tabelle 1

Ursprünglicher Gasstrom	Umschaltung auf	charakteristische Aussage
N_2	⟶ N_2/Äthanol	Menge des adsorbierten Äthanols;
N_2/Äthanol	⟶ N_2/O_2	Oxidation des irreversiblen adsorbierten Äthanols. Ein Teil des desorbierten Äthanols reagiert in der Gasphase
N_2/O_2	⟶ N_2/Äthanol	Menge des adsorbierten Sauerstoffs; Bestimmung des Reaktionsmechanismus
N_2/Äthanol	⟶ N_2	teilweise irreversible Adsorption
N_2	⟶ N_2/O_2/Äthanol	Bildung von Acetaldehyd
N_2/O_2	⟶ N_2/O_2/Äthanol	Maximum der Acetaldehyd-Konzentration: Ersatz des aktiven Oberflächen-Sauerstoffs
N_2/O_2/Äthanol	⟶ N_2/O_2	zusätzliche Produktbildung mit adsorbiertem Äthanol

zwei nebeneinander vor sich gehenden Teilschritten annimmt, kann nicht entschieden werden. Hier müssen zur endgültigen Aufklärung zusätzliche Untersuchungsmethoden eingesetzt werden.

Schließlich konnte für die Reaktion ein Redoxmechanismus wahrscheinlich gemacht werden, so daß es auch möglich war, die Reaktionsgeschwindigkeitskonstanten der beteiligten Vorgänge zu bestimmen. Die Angaben über die Aktivierungsenergie der zugrunde liegenden Reduktion und der Reoxidation stehen in guter Übereinstimmung mit Ergebnissen, die in der Literatur publiziert wurden. Es konnte nachgewiesen werden, daß die Reaktion nicht, wie oben angegeben, über einen Langmuir-Hinshelwood-Mechanismus verläuft, sondern über einen Eley-Rideal-Mechanismus, wobei lediglich das reagierende Sauerstoffmolekül an katalytischen Zentren chemisorbiert wird.

Damit wurde der Nachweis erbracht, daß sich Relaxationsmethoden zu einem wichtigen Hilfsmittel für die Bestimmung kinetischer Größen aller Art in heterogenen Reaktionen eignen. Sie sind auch für die Untersuchung der Umsetzung von Gasen an und mit Festkörpern geeignet. Schließlich können sie zur Untersuchung von Reaktionen eingesetzt werden, die der Aufbereitung von Erzen und Silikaten und der Verarbeitung chemischer Rohstoffe dienen. Die Methoden verlangen einen verhältnismäßig geringen Aufwand. Ihre Ergebnisse stehen daher nach kurzer Zeit zur Verfügung.

3. Impulsmethoden bei der Untersuchung von Adsorptionsvorgängen

Auch die Adsorption an Festkörperoberflächen und in mikroporösen Adsorbentien kann als Typ einer Reaktion in heterogener Phase aufgefaßt werden. Es ist daher nicht überraschend, daß auch hier in unserem Institut Impulsmethoden eingesetzt werden, die zum Beispiel der Bestimmung des Adsorptionsgleichgewichtes, der Porendiffusion von Stoff- und Wärmeübergangszahlen gewidmet sind. Die Dispersion von Gasgemischen in Schüttgütern und Aussagen über die Porenstruktur sind ebenfalls möglich. Hier wurden in den unter Leitung von D. Gelbin durchgeführten Arbeiten kurzzeitige Nadelimpulse in einem zeitlich konstanten Stoffstrom und die Methode des Konzentrations- oder Temperatursprungs angewandt.

Ausgangspunkt für die Berechnung der Ergebnisse sind die Bilanzgleichungen des Strömungsrohres. Sie gehen aus dem zugrunde liegenden physikalisch-chemischen Modell des Gesamtvorganges hervor. Mit ihrer Hilfe können die oben genannten Daten ermittelt werden. Die auftretenden Antwortkurven, die in den Koordinaten c und t erhalten werden, werden einer Ordinatenauswertung zur Berechnung der Momente unterworfen. Der Einsatz der Momentenmethode stellt eine besondere Form der Auswertung dar, für die wir in unserem Institut umfassende theoretische und experimentelle Vorarbeit geleistet haben. Erst mit Hilfe dieser Methode ist es möglich, die hochproduktiven Impulsverfahren mit einer ebenfalls rationellen Methode auszuwerten.

Die Momentenmethode leitet ihren Namen davon ab, daß mit ihrer Hilfe urprünglich die Masseverteilung von Körpern im Raume, also ihre Trägheitsmomente bestimmt wurden. Das Moment 1. Ordnung liefert nach statistischen Methoden den Schwerpunkt des Systems. Momente 2. Ordnung entsprechen dem Quadrat der Standardabweichung und damit der Streuung der Werte. Das 1. und 2. statistische Moment spielen bei der Auswertung der Antwortfunktion eine bedeutende Rolle, da sie die Maßkurven charakterisieren. Die in die quantitativen Ausdrücke für die Momente eingehenden Größen sind, bezogen auf die Untersuchung von Adsorptionsproblemen: der Stoffübergangskoeffizient, die Porosität des Adsorbens, die Zwischenkorngeschwindigkeit, der Diffusionskoeffizient, der Wert für das Adsorptionsgleichgewicht an der Oberfläche des feinkörnigen Festkörpers und der Koeffizient für die Axialdispersion. Quantitative Beziehungen wurden u. a. von D. Gelbin, K.-H. Radeke und K. Wiedemann abgeleitet.

Da es beliebig viele Kurven geben kann, die im 1. und 2. Moment übereinstimmen, wurden zur vollständigen Charakterisierung der Verteilungsfunktionen auch die 3. bis 9. Momente einbezogen, wofür von D. Gelbin und Mitarbeitern leicht handhabbare Reihenentwicklungen vorgelegt wurden. Die Übernahme dieser weiteren 7 Glieder erhöht die Genauigkeit in dem vorgesehenen Parameterbereich auf das Zehnfache gegenüber dem ursprünglichen Wert.

Auf diese Weise wurden zum Beispiel an einer feinkörnigen Schüttung von Zeolithen Adsorptionsdurchbruchskurven gemessen, die durch die dimensionslose Peclet-Zahl

$$Pe = \frac{w \cdot d_P}{D_x}, \text{ bedeutet das Verhältnis von } \frac{\text{Trägheitskraft}}{\text{Axialdispersion}}$$

w = Strömungsgeschwindigkeit des Gases
d_P = Durchmesser der Schüttgutteilchen
D_x = Diffusionskoeffizient in axialer Richtung

charakterisiert wurden. Dabei wurde zum erstenmal festgestellt, daß die Pecletzahlen erst vom Teilchendurchmesser der Schüttung unabhängig sind, wenn dieser den Wert von 0,3 cm überschreitet. Daraus muß die Schlußfolgerung abgeleitet werden, daß die Werte für die Axialdispersion in der gasdurchströmten Schüttschicht höher liegen, als bisher angenommen wurde. Da Modellrechnungen bisher meist unter Vernachlässigung der Axialdispersion erfolgten, hat diese Erkenntnis eine große Bedeutung für die Übertragung der Untersuchung von Elementarvorgängen in den technischen Maßstab. Es gelang hierbei, verschiedene Porenmodelle zu testen und den Diffusionswiderstand in einen Makro- und einen Mikroporenanteil aufzutrennen.

Es wurde zum Beispiel festgestellt, daß der Diffusionskoeffizient für n-Dodecan an 5A-Zeolithen, die mit einem unterschiedlichen Gehalt an Magnesiumionen versehen waren, bei 400 °C stark vom Mg-Gehalt abhängig ist. Dieses Ergebnis konnte unmittelbar der Verfeinerung der Errechnung optimaler technischer Werte im Parex-Modell dienen.

Durch Anwendung des Temperatursprungs gelang eine Bestimmung der spezifischen Wärme von Festkörpern, die sich durch große Einfachheit und eine für technische Zwecke ausreichende Genauigkeit auszeichnet. Beim Einsatz von Dirac-Impulsen wurden radioaktiv markierte Verbindungen, die das Kohlenstoffisotop 14 enthielten, eingesetzt. Ihre Konzentration kann leicht bestimmt werden.

Die mit Hilfe dieser Methoden mögliche Bestimmung von Adsorptionsdaten ist allgemein anwendbar. In der Kopplung mit der Momentenmethode liefert sie besonders für technische Einsatzgebiete schnell gewünschte Stoffwerte.

Allerdings sollten auch die Nachteile der Momentenmethode hier nicht übersehen werden:

– Die Methode ist nur im Henry-Bereich gültig. Sie liefert also im Bereich höherer Konzentrationen ungenaue Werte.
– Die Berechnung von Momenten höherer Ordnung ist unumgänglich.
– Liegt die Notwendigkeit vor, die Laplace-Funktion zurückzutransformieren, so muß in vielen Fällen eine umständliche Reihenentwicklung angewandt werden.

4. *Die Bestimmung von Konzentrations- und Temperaturprofilen im Plasmastrahl und die Anwendung des Stoßwellenrohrs in der Kinetik homogener Reaktionen*

Im Zentralinstitut für physikalische Chemie beschäftigt sich eine Abteilung unter Leitung von H.-J. Spangenberg seit einigen Jahren mit der Plasmachemie. Es ist unser Ziel, die Grundlagen für ein Verfahren zur Gewinnung von Acetylen aus Kohlenwasserstoffen zu entwickeln, das sich durch einen geringeren spezifischen Energieaufwand als das Carbidverfahren auszeichnet. Der Plasmastrahl ist ein geeignetes Medium für stark endotherme, also bei hohen Temperaturen durchzuführende Reaktionen. Bei Strömungsgeschwindigkeiten von 100—1000 m/s, bei Anfangstemperaturen von 2000—8000 K laufen in 10^{-5} bis 10^{-4} s Dissoziations- und Rekombinationsvorgänge verschiedener Art an Molekülen und Radikalen ab. Bei laminarer Führung des Plasmastrahls stellt er ein stationäres System dar. Werden reagierende Stoffe in gasförmigem Zustand oder als feine Pulver in den Gasstrahl eingeführt, kann er instationären Charakter annehmen. Im Gasstrahl treten allgemein Gradienten der Temperatur, der Enthalpie, der Strömungsgeschwindigkeit und der spezifischen Wärme auf, deren Erfassung sowohl senkrecht zur Achse des Gasstromes als auch in axialer Richtung Aussagen über die im Gasstrom ablaufenden chemischen Reaktionen gestattet.

Wir stellten uns als Aufgabe, die bei der thermischen Zersetzung von Kohlenwasserstoffen verschiedener Zusammensetzung auftretenden Reaktionsprodukte Molekeln, Radikale und kurzlebige angeregte Teilchen möglichst quantitativ zu erfassen, um so zu einer vertieften Kenntnis des Reaktionsablaufs zu kommen. Damit verbunden waren Messungen, die die Reaktionsenthalpie und die Bestimmung der örtlichen Temperaturen sowie spezifische Wärmewerte betrafen. Auch hier handelt es sich um Vorgänge, die das durch die plötzliche Einspeisung der kalten Reaktanten in den heißen Gasstrom gestörte chemische und energetische Gleichgewicht durch Relaxationsprozesse ausgleichen.

Um die erforderlichen analytischen Daten zu erhalten, mußte eine neue Meßtechnik entwickelt werden, die mit schnellmessenden gekühlten Rohrsonden innerhalb von 30—60 ms die Bestimmung der Zusammensetzung der gequenchten Umsetzungsprodukte ermöglicht. Durch die Messung der Änderung des elektrischen Widerstandes in der Sonde und durch die Änderung des Gasdrucks des einem Auffanggefäß zugeführten Gases kann eine Aussage über den Verlauf der Enthalpiewerte und über den Reaktionsablauf insgesamt gemacht werden.

Mit der analytisch-experimentellen Arbeit war die Entwicklung einer Theorie der Enthalpiesonde verbunden (H.-J. Spangenberg und Mitarbeiter). Durch massenspektroskopische Ermittlung der Zusammensetzung des über die Sonde geführten Gases konnte eine Bilanz des Stoffumsatzes vorgenommen werden. Die Sonde eignet sich in der vorliegenden Form nur für Plasmafreistrahlen, für geschlossene Systeme ist eine neue Ausführungsform in Vorbereitung. Außerdem wurden berührungslose spektroskopisch-optische Methoden eingesetzt, um Auskunft über den Energiezustand der an der Umsetzung beteiligten Reaktionspartner zu erhalten.

Von großer theoretischer Bedeutung ist die Frage, ob die Vorgänge im Plasmastrahl innerhalb der Energiegleichverteilung nach MAXWELL-BOLTZMANN ablaufen. Nur wenn dies der Fall ist, lassen sich auf die Berechnung der Reaktionen die Gesetze der Massenwirkung und der klassischen Kinetik nach ARRHENIUS anwenden. Es wurden daher die Relaxationszeiten für den Ausgleich der durch Wärme oder Reaktionsenergie angeregten Schwingungs- und Rotationszustände einer bestimmten Teilchenart bestimmt. Geeignet war hierfür das C_2-Radikal, das im Bereich von 480 bis 520 nm Rotationsschwingungsbanden zeigt, die nicht durch die Banden anderer Teilchen des vorliegenden Systems überlagert werden. Abb. 2 zeigt diese Banden, deren Intensität fotometrisch gemessen wurde.

Mit Hilfe der ABELschen Integralgleichung wurden unter Berücksichtigung der quantenhaften Energieverteilung der einzelnen Freiheitsgrade etwa auftretende Differenzen zwischen Rotations- und Schwingungstemperaturen bestimmt. Tatsächlich konnte festgestellt werden, daß diese beiden Energieformen im Temperaturbereich zwischen 4000 und 5000 K und in einer Zeit von $< 0{,}25$ ms nach dem Eindüsen des Methans einen Temperaturunterschied in axialer Richtung von 600 ° und in radialer Richtung von 1000 ° aufweisen.

Abb. 3 zeigt die Werte für den Verlauf der Rotations- und Schwingungstemperaturen, der Konzentrationen der reagierenden Spezies in Mol-Prozent und die Reaktionsenthalpie in Abhängigkeit von der Zeit im Intervall von $1-5 \cdot 10^{-4}$ s, was einem axialen Abstand von 50 mm entspricht. Erst nach ungefähr 0,25 ms stimmen die Kurven für T_{rot} und T_{vib} miteinander überein. Die Verteilung nach MAXWELL-BOLTZMANN ist nicht gegeben.

Unter den genannten Bedingungen gilt also die ARRHENIUSkinetik nicht; aber in diesen Gebieten laufen die wichtigsten chemischen Reaktionen ab, die für die Entstehung der Endprodukte von großer Bedeutung sind. Deshalb haben diese Untersuchungen auch Auswirkungen auf die Praxis. Durch genaue Beherrschung der Vorgänge wird auch das Verständnis des Quenchvorganges, das bisher noch fehlte, geschaffen.

Um die Vorgänge in axialer Richtung bestimmen zu können, war es erforderlich, die Geschwindigkeit des Plasmastrahles zu messen. Auch hierfür wurde eine geeignete Methode entwickelt. In den Gasstrahl wurden Spuren fein zerkleinerten, temperaturbeständigen Feststoffes (Al_2O_3) eingesprüht. Hierbei werden die feinen Partikel glühend, und mit Hilfe eines Drehspiegelverfahrens kann aus der Frequenz der Umdrehung des Spiegels und dem Winkel der Leuchtspuren die Strömungsgeschwindigkeit des Gases bestimmt werden. Indem nun die Konzentrationen der Umsetzungsprodukte an verschiedenen Stellen des Gasstromes in Achsenrichtung bestimmt wurden, erhielt man die Konzentration unter Berücksichtigung der Strömungsgeschwindigkeit sowie der Enthalpie des Systems mit ausreichender Genauigkeit. So wurden von uns Reaktionsgeschwindigkeitskonstanten im chemisch-aktiven Plasmastrahl bei Temperaturen über 3500 K direkt gemessen, darunter auch die technisch wichtigen Werte für den Zerfall der Blausäure und des Acetylens.

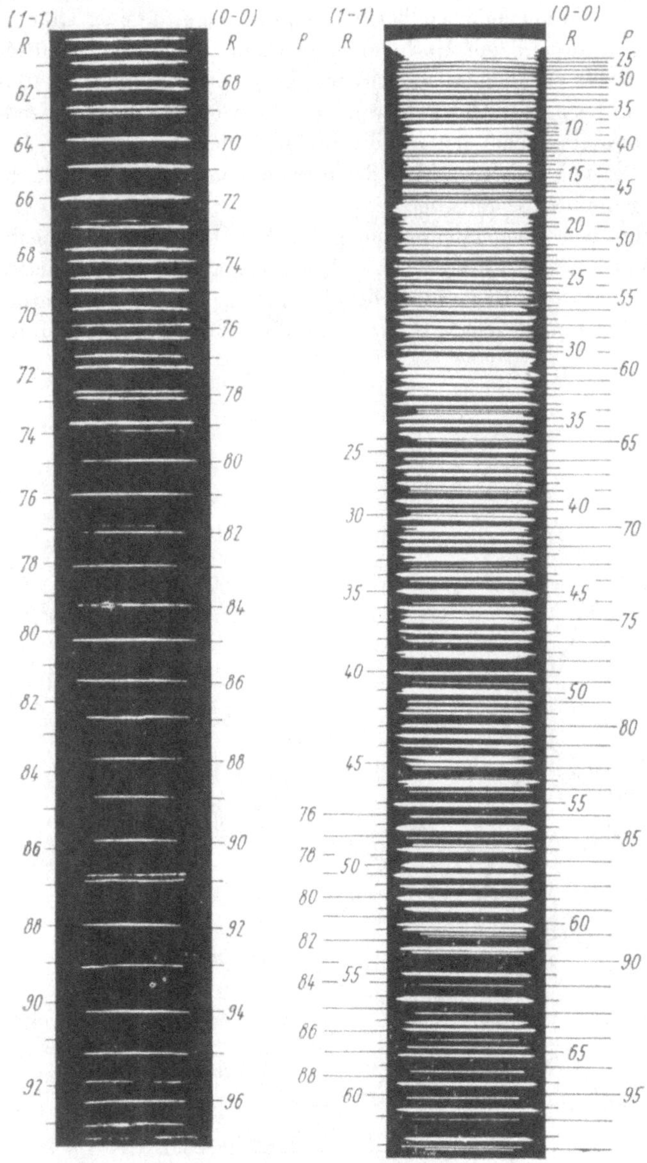

Abb. 2 Zuordnung der Linien des C_2-Spektrums zu den Rotationsquantenzahlen J'' der unteren Niveaus im Gebiet von 5170—4800 Å

Die Untersuchungen am freien Plasmastrahl ermöglichen die Untersuchung neuer Aspekte der Hochtemperaturchemie. Die entwickelten Methoden sind allgemein auf alle ähnlich gelagerten Systeme anwendbar und können daher in allen Laboratorien eingesetzt werden, die sich mit Hochtemperaturchemie befassen. Die theoretische Beherrschung dieser Methoden ist gesichert. Sie gestattet gleichzeitig weiterführende Aussagen in bezug auf Molekülparameter, Aktivierungsenergien, Stoßquerschnitte und strukturelle Details der beteiligten Moleküle. Die mit Hilfe dieser Methoden nachgewiesenen Existenzgebiete des thermodynamischen Nichtgleichgewichtes sind von allgemeiner theoretischer Bedeutung.

Kinetische Parameter von Gasphasenreaktionen können bei hohen Temperaturen in der Stoßwellenfront, die sich bei der plötzlichen Expansion komprimierter Gase bildet, untersucht werden. Die erforderlich hohe Temperatur wird hierbei durch adiabatische Aufheizung erzeugt. Da wir uns die Aufgabe stellten, unter

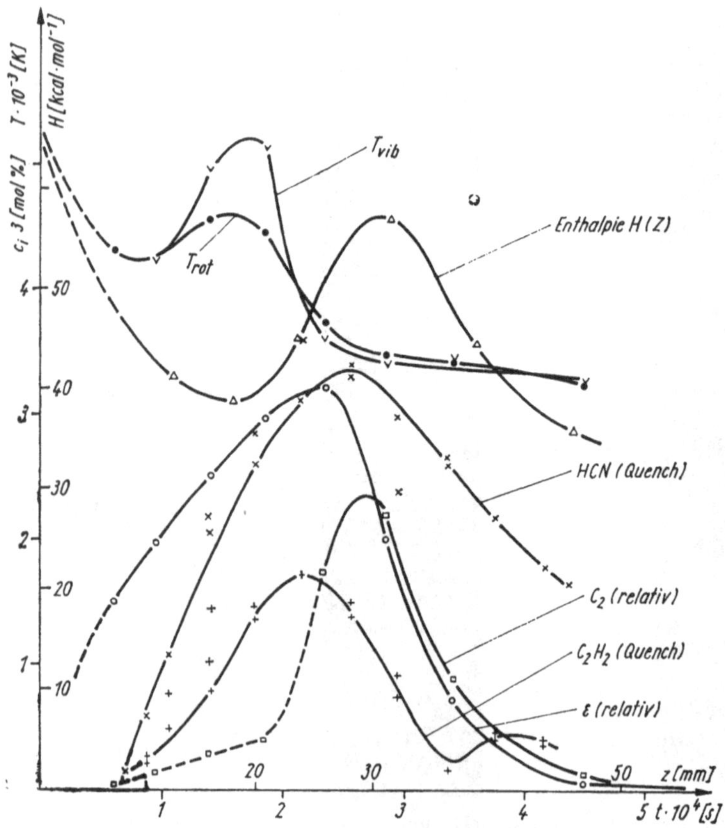

Abb. 3 Axialer Verlauf der Werte von T_{rot} (o), T_{vib} (v). $\varepsilon_{relativ}$ (O), Enthalpie (Δ); Quenchkonzentrationen von HCN (x) und C_2H_2 (+) und die relativen Konzentrationen der C_2-Radikale (□)

Leitung von H. DROST die Pyrolyse des Methans im Temperaturbereich um 2 000 K zu untersuchen, stellten wir ein chemisches Stoßwellenrohr auf, das den in Abb. 4 dargestellten Aufbau ausweist.

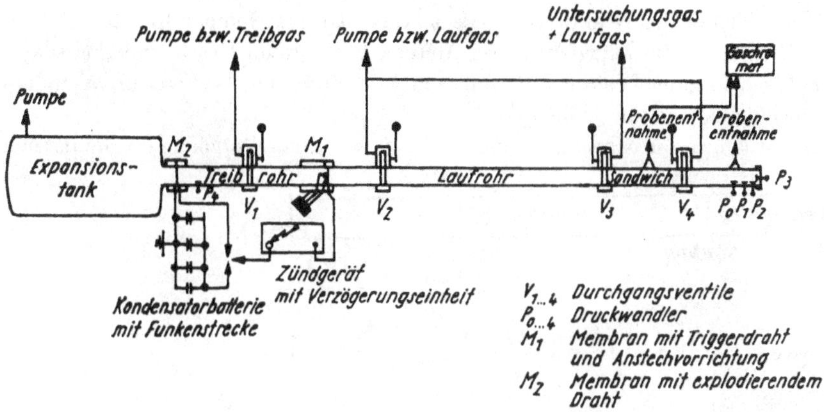

Abb. 4 Schematische Darstellung eines chemischen Stoßwellenrohres

Im sogenannten Treibrohr befindet sich das zu expandierende Gas unter hohem Druck. Die Abdichtung gegenüber dem bei niedrigem Druck gehaltenen Laufrohr erfolgt durch die Membran M_1. Zum Zeitpunkt $t = 0$ wird diese Membran zum Zerbersten gebracht, das komprimierte Gas durchläuft mit hoher Geschwindigkeit das Laufrohr und passiert dabei die Durchgangsventile V_2—V_4, sowie die Meßstellen p_1—p_3, in denen die auftretenden Druck- und Temperaturbedingungen durch piezoelektrische Vorrichtungen bestimmt werden. Außerdem sind verschiedene Möglichkeiten zur Probeentnahme vorgesehen, mit deren Hilfe die jeweilige Gaszusammensetzung gaschromatographisch bestimmt werden kann. Nach Reflektion an der Stirnseite des 9 m langen Rohres läuft die Druckwelle zurück und erreicht innerhalb eines Intervalls von wenigen ms die Membran M_2, die mit Hilfe eines explodierenden Drahtes ebenfalls zum Zerbersten gebracht wird, worauf das Gas in den Expansionstank strömt und dort zur Ruhe kommt bzw. von dort abgesaugt werden kann.

Aus Abb. 5 sind die während der Durchführung eines Stoßwellenversuches in Abhängigkeit von der Zeit auftretenden Druckbedingungen zu entnehmen. Daraus wird ersichtlich, daß sich die eigentliche Reaktionszone bei der Reflektion der Stoßwelle zur Zeit $t = t_2$ ausbildet.

Die Einfrierung des in der Reaktionszone gebildeten chemischen Zustandes erfolgt dadurch, daß die reflektierte Stoßwelle in den evakuierten Expansionsraum eintritt. Die Reaktionstemperatur wird durch eine möglichst genaue Messung der Stoßwellengeschwindigkeit bestimmt. Bei der jetzigen Technik liegen die in der Stoßwelle auftretenden Temperaturen zwischen 1200 und 3000 K.

Zunächst gestattet das chemische Stoßwellenrohr nur die Bestimmung der Geschwindigkeitskonstanten der Gesamtreaktion. Da wir jedoch hinsichtlich der Pyrolyse von Methan bestimmte Modellvorstellungen über den Reaktionsmechanismus bereits hatten, konnten wir unter Einbeziehung dieser Erkenntnisse auch Aussagen über Einzelheiten des Reaktionsablaufs machen. Die im Temperaturintervall von 1700–2100 K für die Zersetzung von Methan bestimmten Geschwindigkeitsparameter stehen in guter Übereinstimmung mit Literaturdaten. Weitere umfassendere Untersuchungen sind vorgesehen.

Damit ergänzen die Messungen über reaktionskinetische Vorgänge im chemischen

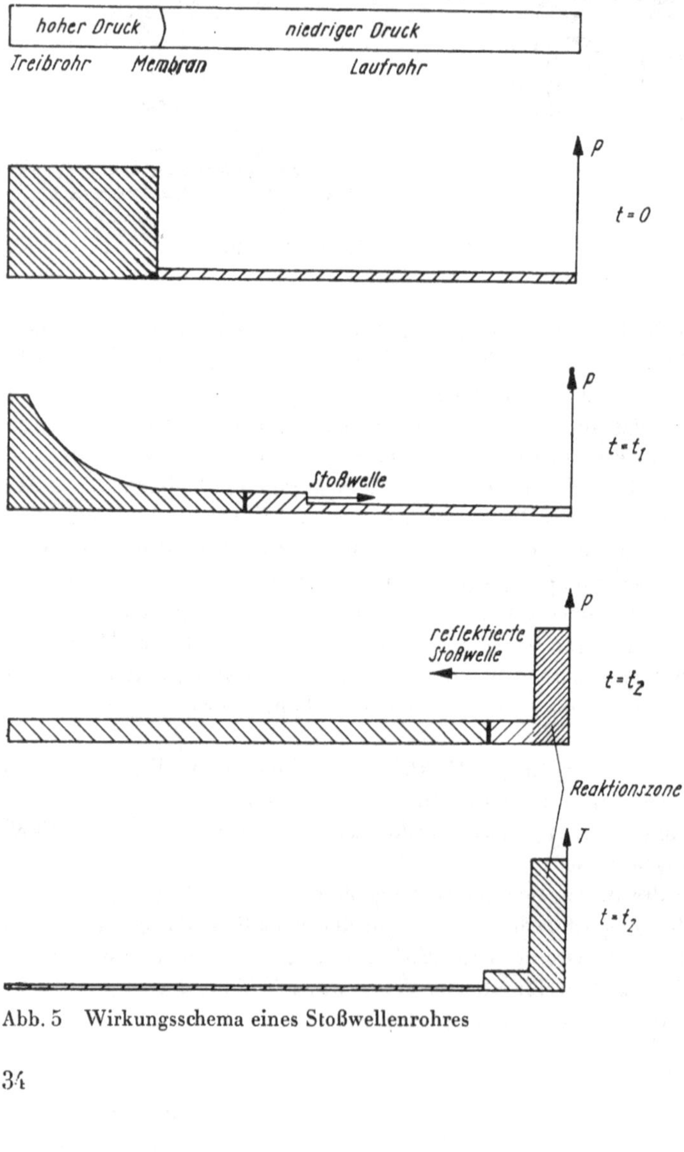

Abb. 5 Wirkungsschema eines Stoßwellenrohres

Stoßwellenrohr die obengenannten Untersuchungen im Plasmastrahl. Auch hier handelt es sich im Prinzip um nichtstationäre Vorgänge, die eine Variante der Impulstechnik darstellen.

So verschieden die Ausführungsformen der geschilderten Methoden auch sein mögen, sie erweisen sich im Hinblick auf eine detaillierte Untersuchung komplexer chemischer Vorgänge als sehr nützlich. Die hier dargestellten Methoden umfassen sowohl homogene als auch heterogene Systeme. Sie dringen zum Teil in Temperatur- und Zeitbereiche vor, die bisher einer exakten Untersuchung verschlossen waren. Darin liegt der Wert dieser Methoden, deren weiterer Entwicklung wir uns auch künftig widmen werden.

Edelhard Töpfer

Untersuchungen zu Zerkleinerungsprozessen und ihre Auswirkungen in der Baumaterialindustrie

Zerkleinerungsprozesse und damit meist verbundene Klassierprozesse spielen in vielen Industriezweigen eine wesentliche Rolle. Vom Durchsatz her gesehen stehen die Baumaterialien und die Braunkohlen mit Abstand an der Spitze. Weitere viele Millionen Tonnen sind im Zuge der Aufbereitung anderer bergbaulicher Rohstoffe, wie z. B. Kalisalze, Buntmetallerze, Späte usw. sowie innerhalb von metallurgischen Verfahrensgängen zu zerkleinern. Große Mengen anorganisch-chemischer Grundstoffe für die chemische Großindustrie bedürfen ebenso einer Zerkleinerung wie Farbstoffe und Produkte der pharmazeutischen Industrie. Zerkleinert werden müssen die Rohstoffe für Feuerfestmaterialien, für Glas und Porzellan. Und selbst in der Landwirtschaft sind diese Prozesse nicht zu übersehen, denn schließlich ist jede Getreidemühle und, wenn man will, jeder Mähdrescher eine Zerkleinerungsanlage. Im Rahmen der Arbeit an einer Prognose wurde einmal Bilanz gezogen und ermittelt, daß der Durchsatz aller in der DDR installierten Zerkleinerungsmaschinen in der Größenordnung von etwa einer halben Milliarde Tonnen im Jahr liegt. Dies bedeutet jährlich Kosten von fast einer Milliarde Mark. Das bedeutet andererseits auch, daß die dem Rohstoff bei der Zerkleinerung aufgeprägten Eigenschaften, also Dispersität, spezifische Oberfläche, Reaktivität, Verunreinigungen u. a. auf einen sehr hohen Anteil unseres Gesamtproduktionsvolumens Auswirkungen haben. Also auch qualitative Faktoren sind bei der Bewertung wichtig.

Diese bedeutungsvolle Stellung der Zerkleinerung im Produktions- und Reproduktionsprozeß begründet, daß sie weltweit in zunehmendem Maße bevorzugter Gegenstand der Grundlagen- und angewandten Forschung und technischen Entwicklung geworden ist und weiter wird. Dem kommt umsomehr Gewicht zu, als bisher weder die technische Realisierung der Zerkleinerung befriedigen kann noch der Prozeß theoretisch in ausreichendem Maße beherrscht wird. Noch immer kann nur ein sehr geringer Anteil der zugeführten Energie tatsächlich für die Erhöhung des Dispersitätsgrades, dem eigentlichen vordergründigen Ziel der Zerkleinerung, genutzt werden. Man kann allerdings nicht allein diesen Energieanteil gleich Nutzenergie setzen, wie das in der Vergangenheit meist geschehen ist. Es darf nicht übersehen werden, daß durch die mechanische Beanspruchung im beträchtlichen Maße der Energiegehalt des Festkörpers erhöht wird, der in bestimmten Fällen in nachfolgenden stoffwandelnden Prozessen, zumindest teilweise, nutzbar wird. Diese komplexere Betrachtungsweise zwingt aber nicht nur zur Überprüfung früherer Aussagen über den extrem schlechten Wirkungsgrad von Mahlprozessen, sondern wirft auch neue kompliziertere Probleme hinsichtlich der theoretischen Durchdringung und technischen Realisierung der Vorgänge auf. Umsomehr bedürfen die Zerkleinerungsprozesse der weiteren wissenschaftlichen Bearbeitung.

Die Untersuchungen zur Modellierung von Mahlanlagen werden am Beispiel der Zementmahlung durchgeführt. Rechenprogramme wurden aufgebaut, mit denen der Mahlkreislauf simuliert und die Modellparameter für Sichter und Mühle bestimmt werden können. Grundlage für die mathematische Beschreibung der technologischen Vorgänge in der Mahlanlage bilden die Massenbilanzgleichungen für alle Kornklassen. Bisher wurden allerdings erst der stationäre Zustand betrachtet und auch die mit dem Luftstrom ausgetragenen Materialmengen nicht berücksichtigt. Unter diesen Bedingungen läßt sich der Zusammenhang zwischen Aufgabe- und Fertiggutkörnung durch eine Matrizengleichung angeben. Da die tatsächlichen Verhältnisse in Umlaufmahlanlagen aber doch wesentlich komplizierter sind und noch weit mehr Einflußgrößen wirksam werden, steht der schwierigere Teil der Arbeit noch bevor.

Hauptaggregate trocken arbeitender Großmahlanlagen, das gilt insbesondere für die neuen Zementmahlanlagen, sind Rohrmühle und gegebenenfalls Schlagpralltrockner für die Feinzerkleinerung und Streuwindsichter zur Klassierung. Dabei sind Mühle und Klassierer im Kreislauf geschaltet. Auf Aufwand und Ergebnis der Mahlung hat der Klassierer ebenso Einfluß wie das Mahlaggregat.

Mit der Entwicklung einer neuen Dispergiereinrichtung für Streuwindsichter ist es in den letzten Jahren gelungen, die Trennschärfe dieses Apparates wesentlich zu verbessern. Dadurch konnte der Durchsatz der Mahlanlagen um etwa 20% erhöht bzw. die Erzeugung von höherwertigen Zementen ermöglicht werden.

Die günstigen Ergebnisse führten dazu, daß jetzt bereits Zementmahlanlagen in der Volksrepublik Polen und selbstverständlich auch bei uns, so die neue Linie 4 in Deuna, mit der neuen Dispergiereinrichtung für Streuwindsichter ausgerüstet sind. Mit diesen Verbesserungen am Streuwindsichter sind aber sicher nicht die Grenzen der Effektivitätssteigerung von Mahlanlagen durch Weiterentwicklung der Klassiereinrichtungen erreicht. Vor allem in strömungstechnischer Hinsicht dürfte noch manches verbessert werden können.

Die mit dem verbesserten Sichter erreichten Ergebnisse machen aber auch deutlich, daß man sich bei den Bemühungen um die technische Vervollkommnung von Großmahlanlagen nicht allein auf das Hauptaggregat, die Rohrmühle, konzentrieren darf, sondern daß das System insgesamt betrachtet werden muß. Davon gingen wir auch aus, als wir eine Vorzerkleinerung der Rohstoffe vor der Rohmehlmahlung zur Leistungssteigerung in diesen Anlagen ins Auge faßten. Vor nunmehr reichlich 3 Jahren war in einem Vortrag in der Klasse Chemie vom Verfasser gesagt worden: „Bei der Rohmaterialaufbereitung steht als Hauptaufgabe von besonderer volkswirtschaftlicher Bedeutung die Senkung des spezifischen Arbeitsbedarfs der Mahlanlagen auf international übliche Werte von ca. 15 kWh/t Durchsatz. Die Forschung muß sich vor allem darauf orientieren". Bei dem Leistungsnachweis im neuen Eichsfelder Zementwerk bei Deuna wurde im letzten Jahr in der Rohmehlmahlanlage ein spezifischer Elektroenergiebedarf von 10 kWh/t Durchsatz nachgewiesen. Das ist der beste Wert, der jemals im Weltmaßstab erreicht wurde. Er ist nur dadurch möglich gewesen, daß vor die Mahlanlage ein sogenannter Schlagpralltrockner, d. h. also ein Prallbrecher, geschaltet worden ist. Die Leistungsfähigkeit der Mahlanlage konnte dadurch wesentlich erhöht werden.

Dieser neuen Technologie gingen umfangreiche Forschungen im Zementanlagenbau voraus, an denen sich das Forschungsinstitut für Aufbereitung mit einigen grundlegenden Untersuchungen beteiligte. Nachdem in der ersten Phase die grundsätzliche Möglichkeit einer solchen Verfahrensweise im kleintechnischen Maßstab bestätigt werden konnte, wurden im folgenden einige Untersuchungen zur Klärung der Vorgänge im Brechraum im Hinblick auf die konstruktive Gestaltung des Brechers und die Auswahl der günstigsten Betriebsbedingungen durchgeführt. Diese und die vorhergehenden Arbeiten zeigten, daß es die optimale Prallbrecherausführung und -einstellung prinzipiell nicht geben kann. Vielmehr ist es zum Erreichen günstiger Zerkleinerungsergebnisse, eines niedrigen spezifischen Energiebedarfs und geringen Verschleißes stets erforderlich, Konstruktion und Einstellung des Brechers an die Eigenschaften des Aufgabegutes und die Anforderungen an das Fertigprodukt anzupassen. Das gilt vor allem für die Umfangsgeschwindigkeit des Rotors, die Anzahl der Schlagleisten, der Einsatz einer Mahlbahn im Brecherunterteil, die richtige Anordnung von Pralleinbauten im Oberteil des Gehäuses und die Einhaltung bestimmter Spaltweiten zwischen Prallelementen und Schlagleistenkante. Für die Konstruktion und Einstellung des Brechers ist schließlich von besonderem Interesse, an welchen Stellen bevorzugt die Zerkleinerungsarbeit geleistet wird und wie die effektivste Beanspruchung realisiert werden kann. Bei den Untersuchungen wurden Gehäuseform und Schlagelemente verändert. Die Versuchsauswertung erfolgte über das jeweils erreichte Zerkleinerungsergebnis und den erforderlichen Energieaufwand, bzw. es wurden Zeitlupenaufnahmen für die Beurteilung der Vorgänge herangezogen.

Alle Zeitlupenfilme zeigen deutlich, und das selbst bei starker Überlastung des Brechers, daß durch die sehr kurze Materialverweilzeit im Brechraum dort die Teilchenkonzentration so gering ist, daß kaum gegenseitige Zusammenstöße auftreten. Das bedeutet, daß eine Zerkleinerung durch das Zusammenprallen von Körnern im freien Flug praktisch nicht zustande kommt. Die Filmaufnahmen machten weiter deutlich, daß die Zerkleinerungsarbeit zum weitaus überwiegenden Teil bereits an den Schlagleisten des Rotors und nicht an den Prallelementen geleistet wird. Nur selten war auf den Filmaufnahmen zu erkennen, daß Gesteinsstücke auch an den Pralleinbauten zerkleinert werden. Diese haben offensichtlich die Aufgabe, von den Schlagleisten abgeschleudertes Material wieder dem Rotor zur erneuten Beanspruchung zuzuführen. Dieser Ablauf des Brechvorganges führt nun zwangsläufig zu der Aussage, daß die Umfangsgeschwindigkeit des Rotors die wesentliche Einflußgröße auf den Zerkleinerungserfolg ist. Die dem zu zerkleinernden Material durch die Schlagleisten übermittelte Energie kann erst oberhalb einer bestimmten Schwelle für die Zerkleinerung nutzbar gemacht werden. Die zugehörige Grenzgeschwindigkeit ist der kritischen Druckspannung des Brechgutes direkt und seiner Elastizität und Dichte umgekehrt proportional. Wird die Grenzgeschwindigkeit nicht erreicht, kommt es zum elastischen Stoß, wobei die dann im beschleunigten Teilchen gespeicherte Energie im Normalfall auch beim Auftreffen auf die Pralleinbauten nicht mehr in Zerkleinerungsarbeit umgesetzt werden kann.

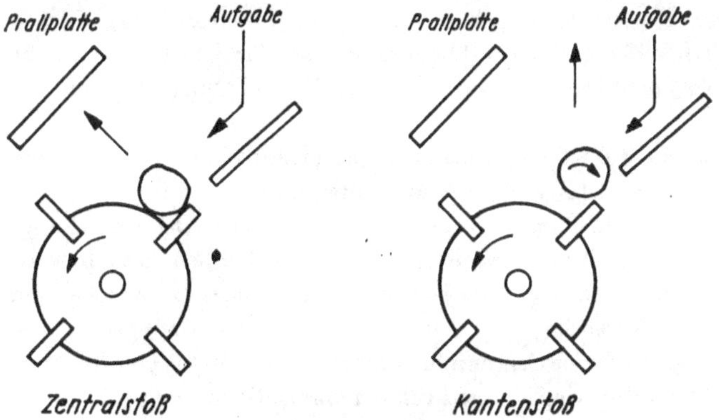

Abb. 1 Beanspruchungsmechanismus in einem Prallbrecher

Aus Abb. 1 wird die Art des übermittelten Stoßes deutlich. Zahlreiche Zeitlupenfilmaufnahmen haben gezeigt, daß sowohl Zentral- als auch Kantenstöße auftreten. Dabei ist die Wahrscheinlichkeit für das Auftreten der einen oder anderen Stoßart davon abhängig, ob ein Stück die Möglichkeit hat, mit seinem Massenschwerpunkt in den Schlagkreis einzudringen. Das hängt vorrangig von der Stückgröße, der Aufgabegeschwindigkeit und der Schlagfrequenz ab. Dabei kann eine größere Eindringtiefe der Stücke in den Schlagkreis durch eine höhere Aufgabegeschwindigkeit oder geringere Schlagfrequenz, d. h. also durch niedrigere Drehzahl bzw. geringere Anzahl von Schlagleisten auf dem Rotor, erreicht werden. Die Versuchsbedingungen wurden so gewählt, daß bei einigen Versuchsserien vorwiegend Zentralstöße und bei anderen überwiegend Kantenstöße auftraten.

Die Versuche machten deutlich, daß für mittelhartes und hartes Gestein Zentralstöße vorteilhafter sind. Das gilt sowohl hinsichtlich des Zerkleinerungsergebnisses und des spezifischen Energiebedarfs als auch im Hinblick auf den Verschleiß. Demgegenüber sind für weiche Materialien, so z. B. Kalisalze, Kantenstöße nicht von Nachteil.

Die Untersuchungen bestätigen also, daß es zum Erreichen optimaler Zerkleinerungsergebnisse mit Prallbrechern erforderlich ist, deren Ausführung und Einstellung stets den konkreten Arbeitsbedingungen anzupassen. Für den Hersteller von

Prallbrechern bedeutet dies, durch die Entwicklung von Maschinen nach einem Baukastensystem optimale Möglichkeiten für die verschiedensten Einsatzfälle zu schaffen. Für die Lösung einer bestimmten Zerkleinerungsaufgabe ist die notwendige Rotorgeschwindigkeit entsprechend der Gesteinsfestigkeit und den Anforderungen an das Fertiggut festzulegen. Von ihr ist unter konstanten Bedingungen die Vorzugsflugrichtung der Stücke im Brecher nach Verlassen des Rotors abhängig. Schließlich muß entsprechend den jeweiligen Gegebenheiten die Auswahl und Anordnung der Prallelemente gezielt vorgenommen werden, damit der Aufprall auf diese möglichst senkrecht erfolgt und gleichzeitig ihre Leitfunktion gewährleistet ist. Bei richtiger Anpassung des Brechers an die jeweilige Aufgabe ist es möglich, die energetisch günstige Prallzerkleinerung auch für hartes Gestein mit wirtschaftlichem Erfolg einzusetzen, wenn geeignetes Verschleißmaterial zur Verfügung steht.

Gerade im Hinblick auf die Minimierung des Energieaufwandes bei der Feinzerkleinerung werden gegenwärtig grundlegende Untersuchungen zur Erforschung der günstigen Beanspruchsbedingungen vorbereitet. Dabei sollen Beanspruchungsart und Intensität in weiten Grenzen variiert werden. Es können deshalb nicht Mühlen oder Brecher, wie sie in der Technik üblich sind, eingesetzt werden, sondern man muß auf Modellversuche mit entsprechenden Meßanordnungen ausweichen. So wurde eine Apparatur zur definierten Schlagbeanspruchung von Teilchenschichten entwickelt. Weiterhin wurde eine Mühle gebaut, die in einem Kalorimeter arbeitet, um Energiebilanzen bei der Feinmahlung aufstellen zu können. Untersuchungen zur Aufstellung von Energiebilanzen in schnellaufenden Stiftmühlen werden gegenwärtig ausgewertet.

Die Grundlagenforschung zu Zerkleinerungsprozessen kann heute nicht mehr allein die Gewinnung bestimmter Korngrößenverteilungen und spezifischer Oberflächen sowie das Aufschließen von Mineralverwachsungen in den Vordergrund stellen, denn besonders in den letzten 10—12 Jahren wurde deutlich, daß die mechanische Bearbeitung körniger Feststoffe bemerkenswerte Veränderungen der Festkörper selbst hervorbringt. Für eine komplexe Betrachtung der Vorgänge ist es deshalb notwendig, die bei den Versuchen erhaltenen Zerkleinerungsprodukte durch eine größere Anzahl unterschiedlicher physikalischer und chemischer Untersuchungsmethoden umfassend zu charakterisieren. Dies gestattet Aussagen sowohl über ihre Dispersität als auch über die innere Struktur und den Energiezustand.

Über die Messung der Lösungswärme kann die Zunahme des Energiegehaltes der Festkörper verfolgt werden. Die bisherigen Untersuchungen zeigen in Abhängigkeit vom Maschinentyp und damit der Beanspruchungsart und der Beanspruchungsintensität recht unterschiedliche Ergebnisse. Abb. 2 verdeutlicht als Beispiel die Zunahme des Energiegehaltes in Abhängigkeit von der spezifischen Oberfläche für Quarzsand und Kalkstein, die im Desintegrator, also in einer schnellaufenden Stiftmühle, und in der Schwingmühle gemahlen worden sind. Es ist zu erkennen, daß in allen Fällen mit steigender Oberfläche, d. h. also mit zunehmender Feinheit, eine Zunahme des Energiegehaltes erfolgt. Deutlich wird auch sichtbar, daß der Energiegehalt in Abhängigkeit von der Beanspruchungsart in unterschiedlichem Maße zunimmt. Feststoffe, die im Desintegrator mechanisch beansprucht werden, wo vorwiegend Prallbeanspruchung herrscht, nehmen schon bei relativ kleinen spezifischen Oberflächenzunahmen einen wesentlich größeren Betrag an Festkörperenergie auf als z. B. in der Schwingmühle bearbeitete Produkte. In dieser Abb. sind die Mittelwerte einer sehr großen Anzahl von Versuchen dargestellt. Die beiden folgenden Abbildungen zeigen dagegen Einzelwerte, aus denen deutlich wird, daß auch beim gleichen Maschinentyp durch Variation der Maschinenparameter

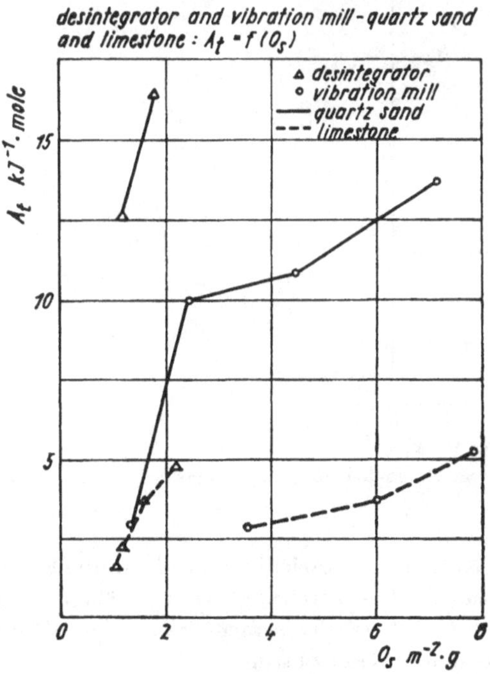

Abb. 2 Zunahme des Energiegehalts im Festkörper bei Beanspruchung in der Stiftmühle bzw. in der Schwingmühle

die Festkörpereigenschaften ganz entscheidend beeinflußt werden können. So ist in Abb. 3 der Einfluß der Amplitude einer Rohrschwingmühle auf die Eigenschaften von Quarzsand dargestellt. Es ist zu erkennen, daß bei einer Amplitude im Bereich von 3 bis etwa 5 mm eine wesentlich geringere Energiezunahme erfolgt als bei Amplituden im Bereich von 7—8 mm, obwohl die erreichten spezifischen Oberflächen in etwa vergleichbar sind.

In der nächsten Abb. 4 ist der Einfluß der Drehzahl des Desintegrators auf die Zunahme des Energiegehaltes und die spezifische Oberfläche von Kalkstein dargestellt. Es wird deutlich, daß bei niedrigen Drehzahlen die Zunahme des Energiegehaltes weitaus geringer ist, als bei höheren Umdrehungszahlen. Die Abbildung

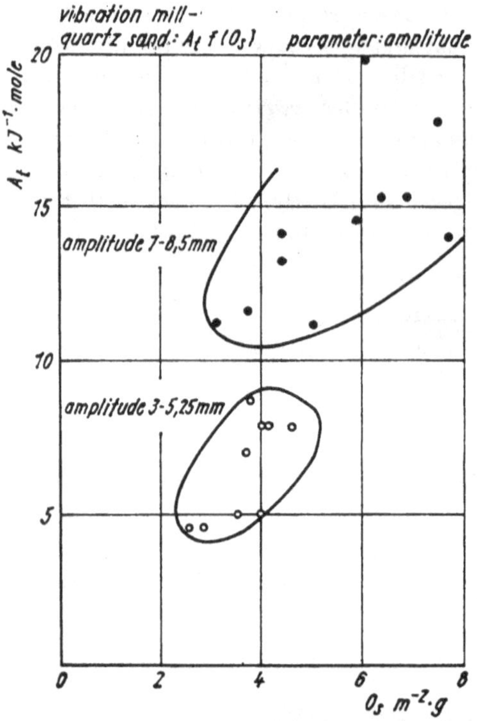

Abb. 3 Zunahme des Energiegehalts von Quarz bei Mahlung in der Schwingmühle in Abhängigkeit von der Amplitude

zeigt aber auch, daß bei mehrfacher Aufgabe des bereits beanspruchten Mahlgutes nur noch eine geringfügige Zunahme des Energiegehaltes erfolgt, während die spezifische Oberfläche aber noch beträchtlich erhöht werden kann. Hier scheint bereits ein Grenzwert der Energieaufnahme erreicht zu sein.

Zur weiteren Charakterisierung der Zerkleinerungsprodukte ist die Ermittlung ihrer Reaktivität von Bedeutung, d. h. der Geschwindigkeit, in der bestimmte Reaktionen an zerkleinertem Feststoff erfolgen. Für die Charakterisierung von gemahlenem Quarzsand wurde die Auflösung in Flußsäure und Natronlauge herangezogen. Aus diesen Untersuchungen ergeben sich gewisse Schlußfolgerungen über die Struktur der erhaltenen Produkte. In Abb. 5 ist die notwendige Zeit für eine vollständige Auflösung der Probe in Flußsäure in Abhängigkeit von der spezifischen Oberfläche der Proben dargestellt. Dabei ist interessant, daß sich die im Desintegrator oder in der Strahlmühle bevorzugt durch Prall beanspruchten Proben wesentlich schneller auflösen, als die in einer Kugelmühle bzw. einer Schwingmühle gemahlenen.

Lösungsversuche in verdünnter Natronlauge, wie sie Abb. 6 zeigt, scheinen dem zunächst zu widersprechen. In verdünnter Natronlauge löst sich Quarz, der in

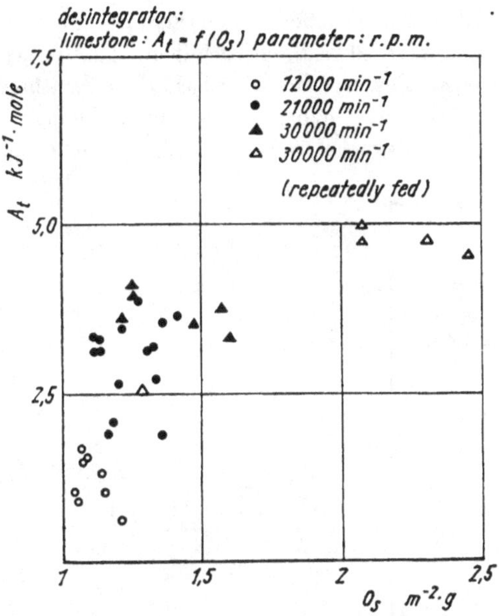

Abb. 4 Zunahme des Energiegehalts von Kalkstein bei Mahlung in der Stiftmühle in Abhängigkeit von der Drehzahl

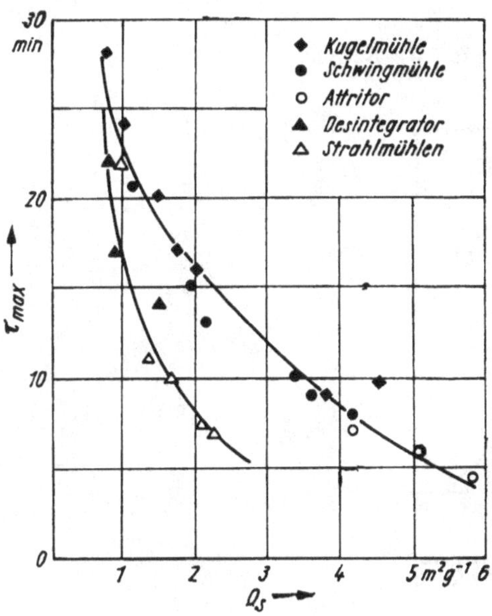

Abb. 5 Auflösung von aktiviertem Quarz in Flußsäure

einer Schwingmühle beansprucht worden ist, schneller als solcher, der im Desintegrator gemahlen wurde. Dabei muß man aber berücksichtigen, daß in verdünnter Natronlauge in der vorgegebenen Zeit nur die oberflächlichen Schichten gelöst werden. Demnach werden in einer Schwingmühle die oberflächennahen Schichten stärker gestört, als in einem Desintegrator und demzufolge schneller ge-

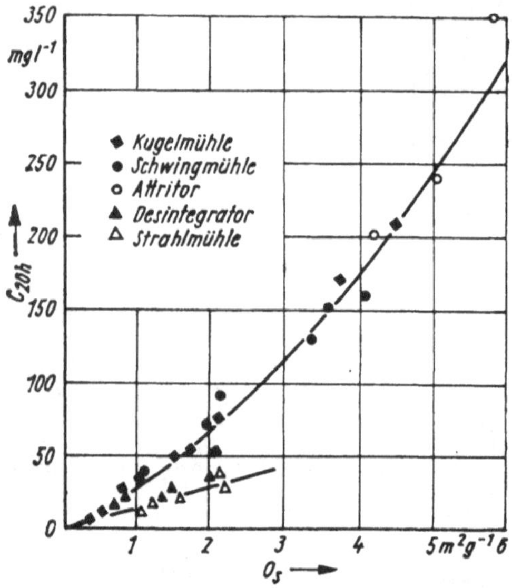

Abb. 6 Auflösung von aktiviertem Quarz in $\frac{n}{10}$ Natronlauge

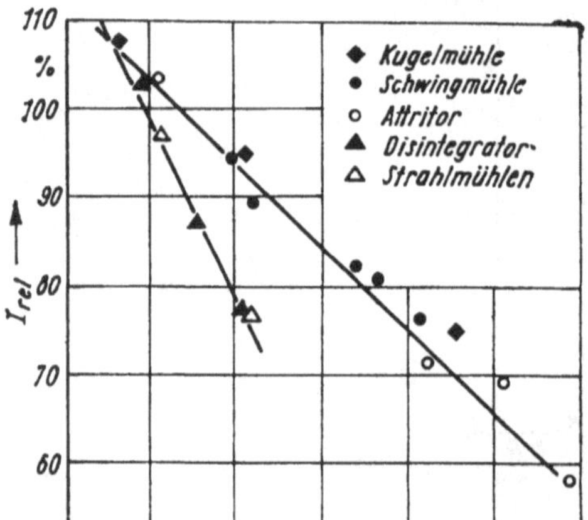

Abb. 7 Primärteilchengröße λ in gemahlenem Quarz

löst. Die im Desintegrator beanspruchten Teilchen sind an der Oberfläche nicht so stark beansprucht, dafür aber in ihrem gesamten Volumen.

Diese Hypothese wird gestützt durch die Ergebnisse von Röntgenuntersuchungen. In den beiden folgenden Abb. 7 und 8 sind die Primärteilchengrößen λ und die relative Röntgenintensität I des gemahlenen Quarzes in Abhängigkeit von der spezifischen Oberfläche dargestellt. Diese Röntgenuntersuchungen zeigen deutlich, daß der im Desintegrator und in den Strahlmühlen gemahlene Quarz eine wesentlich stärkere Zerstörung seines Kristallgitters im Gesamtvolumen des Kornes erfährt als in den übrigen Mühlentypen.

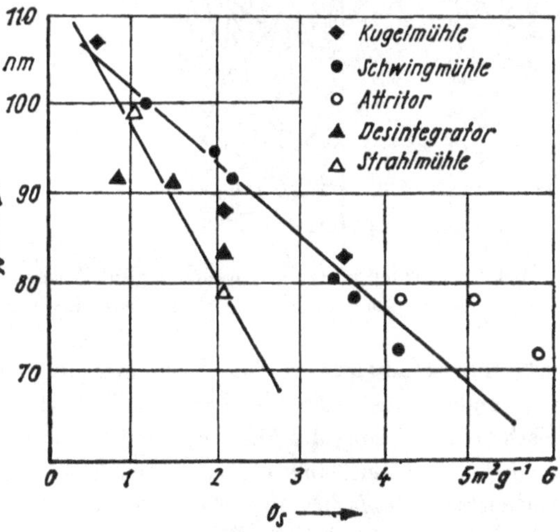

Abb. 8 Relative Röntgenintensität J von gemahlenem Quarz

Man kann also zusammenfassend feststellen:

Bei der Mahlung von Quarz und Kalkstein — und das gilt sicher auch noch für viele andere Rohstoffe — in Strahlmühlen und im Desintegrator, wo bevorzugt Prallbeanspruchung auftritt, tritt im Vergleich zu der relativ geringen äußeren Zerstörung der Teilchen (die Zunahme der spezifischen Oberfläche ist verhältnismäßig gering) eine starke Zerstörung des inneren Gefüges auf, während die oberflächennahen Bereiche nicht bevorzugt gestört sind, was in der verhältnismäßig geringen Löslichkeit in verdünnter Natronlauge zum Ausdruck kommt. Bei der Mahlung in der Kugelmühle, in der Schwingmühle und im Attritor erhält man bei sehr hohem äußerem Zerstörungsgrad (ausgedrückt in großer spezifischer Oberfläche) geringere Störungen des Gesamtgefüges, jedoch eine bevorzugte Störung der oberflächennahen Bereiche. Es lassen sich also hinsichtlich ihrer Wirkung zwei Gruppen von Mühlentypen deutlich unterscheiden, in denen bestimmte Beanspruchungsarten vorherrschen. Während in der ersten Gruppe, also im Desintegrator und in der Strahlmühle, bevorzugt Prallbeanspruchung vorliegt, kann man bei der zweiten Gruppe, in die Schwingmühle, Kugelmühle und Attritor einzuordnen sind, eine Kombination von Scherung und Druck annehmen. Hinsichtlich der Wirkung der Beanspruchungsarten auf die Festkörpereigenschaften läßt sich die in Abb. 9 skizzierte Modellvorstellung ableiten. Bei Prallbeanspruchung wird die Größe der Primärkristallite im gesamten Volumen des Teilchens stark verringert; bei Druck und Scherbeanspruchung konzentrieren sich diese Veränderungen in den oberflächennahen Bereichen des Festkörpers.

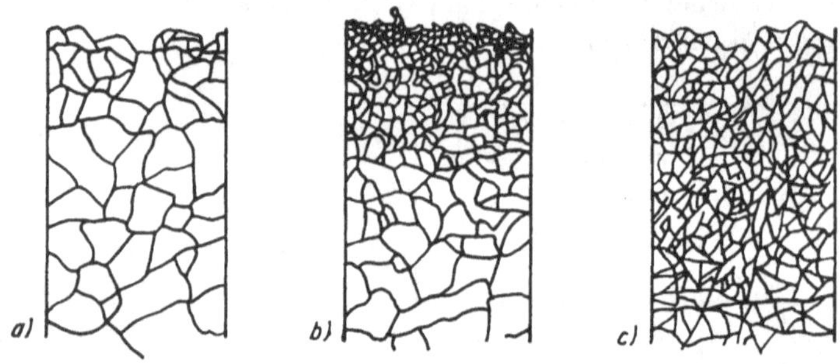

Abb. 9 Störung des Kristallgefüges bei unterschiedlicher Beanspruchung a) Ausgangsmaterial; b) Druck- oder Scherbeanspruchung; c) Schlag- oder Prallbeanspruchung

Im Hinblick auf die optimale Energieausnutzung ist die Umsetzung der dem Mahlgut zugeführten Energie ein besonders interessierendes Problem. Diese Frage steht unmittelbar mit der mechanischen Aktivierung des Mahlgutes im Zusammenhang. Es ist seit langem bekannt, daß die in Zerkleinerungsmaschinen aufzuwendende technische Zerkleinerungsarbeit ein Vielfaches des Produktes aus Oberflächenzuwachs und spezifischer Oberflächenenergie beträgt. Es ist ebenso bekannt, daß der größte Teil der zugeführten Energie in Form von Wärme frei wird und auch ein merklicher Energieanteil in Schall umgesetzt wird. In den letzten Jahren haben aber eine ganze Reihe Autoren experimentell nachweisen können, insbesondere durch kalorimetrische Messungen, daß ein beträchtlicher Energieanteil im Festkörper bzw. im Zerkleinerungsprodukt akkumuliert wird. Einige Autoren kommen zu Energieanteilen bis zu 30%. Der Anteil von im Festkörper gespeicherter Energie in bezug auf die zugeführte mechanische Energie liegt damit wesentlich höher als der Anteil an Oberflächenenergie.

Besonders von Rumpf und Mitarbeitern wurden in den letzten Jahren Ergebnisse zur Einzelkornzerkleinerung veröffentlicht, die das Verständnis für die Mikroprozesse förderten. Abb. 10 zeigt schematisch Kraft-Weg-Diagramme, wie sie mit einer speziellen Mikrodruckapparatur erhalten wurden. Es wurden im wesentlichen die drei gezeigten Fälle festgestellt. Fall 1 zeigt die Belastungskurve, die mit Zunahme des Druckes zu einer Deformation der Teilchen führt bis in Punkt P der Bruch erfolgt. Das zweite Diagramm stellt eine Belastungskurve dar, bei der keine Bruchauslösung eintritt, sondern wo im Punkt E wieder entlastet wurde. Hier zeigt sich das Phänomen, daß auch bei makroskopisch spröden Stoffen, z. B.

Quarz, eine plastische Deformation erfolgt ist. Fall 3 schließlich zeigt eine Belastungskurve, die ähnlich wie im Fall 2 ausgeführt wurde, bei der aber im Punkt P ebenfalls ein Bruch, der sogenannte Entlastungsbruch zu sehen ist. Es ist verständlich, daß beim letzten Beispiel die entstandenen Bruchstücke ebenfalls noch

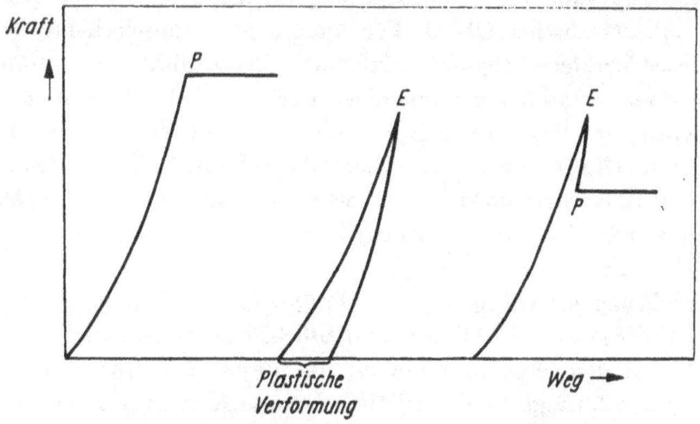

Abb. 10 Kraft-Weg-Diagramme bei der Einzelkorndruckzerkleinerung (nach Rumpf)

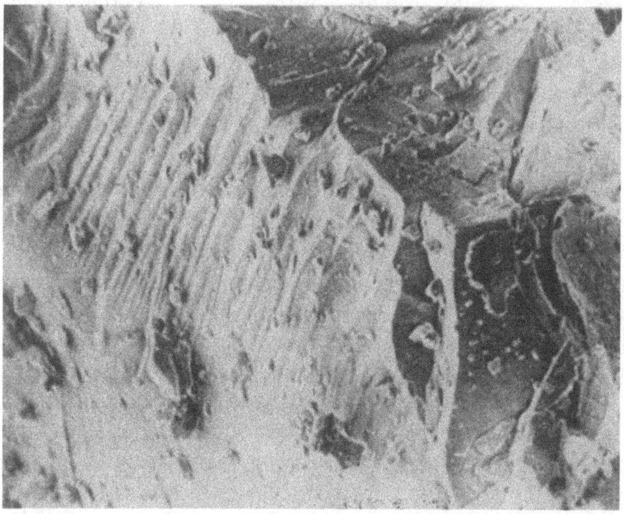

Abb. 11 Rasterelektronenmikroskopische Aufnahme eines Quarzkorns nach Prallbeanspruchung

plastisch deformiert bleiben. Die nächste Abb. 11 (aufgenommen von Sansoni, Forschungsinstitut für Aufbereitung (FIA) zeigt die rasterelektronen-mikroskopische Aufnahme eines Quarzteilchens, das im Desintegrator beansprucht wurde. Es sind hier sehr deutlich die Bereiche plastischer Deformation zu erkennen. Die Korngrößen, bei denen solche Erscheinungen zu beobachten sind, hängen ebenso wie der Anteil an plastischer Deformation von den Eigenschaften der beanspruchten Materialien und den spezifischen Beanspruchungsbedingungen ab.

Leider ist es bisher bei den Einzelkornuntersuchungen noch nicht gelungen, neben der Beanspruchungsart und der Beanspruchungsintensität sowie Korngrößenverteilungen und evtl. spezifischer Oberflächen andere physikalisch-chemische Kennwerte der bei dieser Zerkleinerungsart anfallenden Bruchstücke zu bestimmen. Bei den geringen Energieumsetzungen, die hierbei erfolgen, ist sicherlich eine genaue Energiebilanzierung des Prozesses ebenfalls nicht durchführbar. Aussichtsreicher scheinen in dieser Hinsicht Versuche, ebenfalls unter definierten Beanspruchungsbedingungen mit Körnerkollektiven zu arbeiten. Unter diesem Aspekt sind auch die Bemühungen im FIA um die Entwicklung von Modellapparaturen zu sehen.

Aus den letzten Ausführungen wird die enge Verknüpfung zwischen Fein- und Feinstzerkleinerung und mechanischer Aktivierung deutlich. Die mechanische Aktivierung ist ein Prozeß, bei dem der Energieinhalt der Festkörper erhöht wird. Dieser Vorgang ist für pulverförmige Stoffe technisch bevorzugt in Maschinen der Fein- und Feinstzerkleinerung realisierbar. Jede nachfolgende Verarbeitungsstufe wird nun mehr oder weniger von den Aktivitätseigenschaften des zerkleinerten Materials beeinflußt. Deshalb muß die Grundlagenforschung zu Zerkleinerungsprozessen sowohl hinsichtlich der optimalen Energieausnutzung für die Erhöhung des Dispersitätsgrades als auch im Hinblick auf die Reaktivität der Zerkleinerungsprodukte in nachfolgenden stoffwandelnden Prozessen zu einer komplexeren Betrachtungsweise kommen. Es darf angenommen werden, daß Ablauf und Ökonomie nachfolgender Verfahrensstufen, wie z. B. Löse- oder Sinterprozesse, durch die Aktivitätseigenschaften des Vorlaufmaterials nicht unerheblich beeinflußt werden können. Daraus resultieren auch die Bemühungen zur technischen Nutzung dieses Phänomens an verschiedenen Stellen, so auch an der Akademie der Wissenschaften, wo z. B. das Zentralinstitut für physikalische Chemie Arbeiten über die Aktivierung von Phosphordüngemitteln durchführt und das Forschungsinstitut für Aufbereitung Untersuchungen zur mechanischen Aktivierung im Zuge der Gewinnung von Tonerde bzw. Aluminium aus einheimischen Rohstoffen aufgenommen hat. Darüber hinaus werden beide Institute in einer gemeinsamen Studie weitere Möglichkeiten prüfen.

Für Theorie und Praxis der Zerkleinerung gleichermaßen von Bedeutung sind schließlich Untersuchungen zur Anwendung von Tensiden als Mahlhilfsmittel. Oberflächenaktive Stoffe, vor allem Amine, Alkohole und Karbonsäure werden als sogenannte Mahlhilfsmittel bereits seit einigen Jahren erfolgreich zur Intensivierung der Feinmahlung, insbesondere von Zementklinker, aber auch von Kalkstein, Branntkalk, Anhydrit u. a. Materialien eingesetzt. Bei Zugabemengen von 100 bis 1000 g/t werden dadurch Durchsatzsteigerungen von 10 bis 30% erreicht. Wenn man die große Menge zu mahlender Feststoffe und die hohe Grundfondsintensität von Großmahlanlagen bedenkt, so bedeutet diese Durchsatzsteigerung einen großen volkswirtschaftlichen Nutzen. Damit ist auch verständlich, daß immer wieder weltweit versucht wird, eine Optimierung des Einsatzes von Tensiden als Mahlhilfsmittel vorzunehmen, was die Klärung ihres Wirkungsmechanismus voraussetzt. Obgleich sich in den letzten Jahren viele mit diesen Fragen beschäftigt haben, sind aber doch bis heute die prozeßbestimmenden Vorgänge noch nicht eindeutig geklärt. Sicher ist, daß die oberflächenaktiven Stoffe zunächst auf dem Feststoff während der Zerkleinerung adsorbiert werden. Über die Art der Adsorption, den erforderlichen Bedeckungsgrad und die bevorzugten Stellen der Adsorption sowie ihren Wirkungsmechanismus im Prozeß der Feinmahlung herrschen aber noch immer sehr unterschiedliche Auffassungen. Auch das Forschungsinstitut für Aufbereitung ist bestrebt, einen Beitrag zur Klärung der Vorgänge zu liefern.

Um Aussagen über die Wechselwirkung zwischen der Festkörperoberfläche und oberflächenaktiven Stoffen in Abhängigkeit von Reagenztyp und Struktur zu erhalten, werden graphimetrische Sorptionsuntersuchungen mit einer elektronischen Vakuummikrowaage durchgeführt. Die Adsorption der Tenside erfolgt dabei aus der Dampfphase. Die ersten Untersuchungen erfolgten am System Zement/n-Alkanole, da sich letztere als geeignete Mahlhilfsmittel für die Zementmahlung erwiesen. Die in Abb. 12 dargestellten Adsorptionsisothermen für Propanol, Butanol

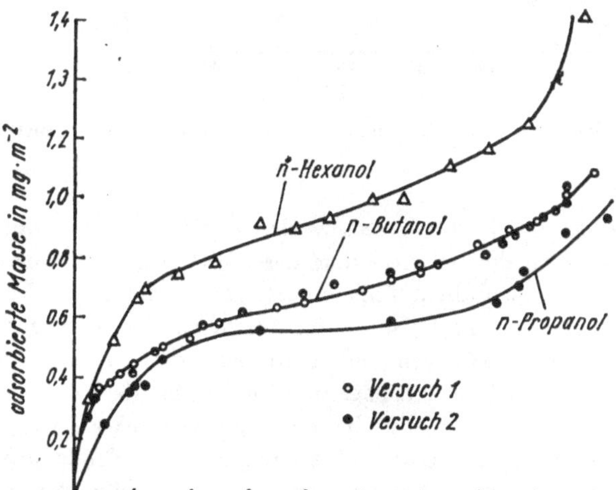

Abb. 12 Adsorption von n-Alkanolen auf Zement

und Hexanol bei 30 °C zeigen den für die Adsorption organischer Dämpfe an Feststoffen typischen S-förmigen Verlauf. Dies entspricht dem zweiten Typ der Klassifikation nach Brunauer und ist ein Kennzeichen für Mehrschichtadsorption. Ein S-förmiger Verlauf der Adsorptionsisotherme tritt bei makroporösen Adsorbentien bekanntlich dann auf, wenn sich Chemisorption und Physisorption überlagern bzw. Übergangszustände dieser beiden Grenzfälle vorliegen. Daß es sich im vorliegenden Fall zumindest in der ersten Adsorptionsschicht um stärkere Wechselwirkungen handelt als sie VAN DER WAALSschen Kräften entsprechen, geht auch aus den Desorptionsisothermen, die Abb. 13 zeigt, hervor. Die auf der Zementoberfläche verbliebene Menge an Adsorpt entspricht bei Butanol und Hexanol etwa einer Monoschichtbedeckung, sie liegt bei Propanol etwas darüber.

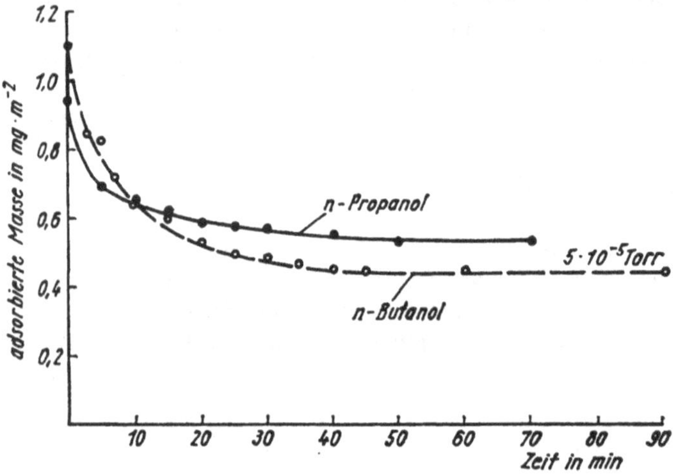

Abb. 13 Desorption von n-Alkanolen — auf der Zementoberfläche verbliebene Adsorptmenge

Exaktere Aussagen über die Größe der Wechselwirkungskräfte zwischen Adsorbens und Adsorptiv erhält man durch Berechnung der isothermischen Adsorptionswärme aus den bei unterschiedlichen Temperaturen aufgenommenen Isothermen. Solche Untersuchungen sind noch im Gange. Aus den bisher vorliegenden Ergebnissen ist jedoch bereits zu schließen, daß es sich bei der Adsorption von n-Alkanolen an Zement um eine lokalisierte Anlagerung handelt, bei der Wechselwirkungskräfte auftreten, die größer sind als die bei reiner physikalischer Adsorption. Es ist anzunehmen, daß es zu einer H-Brückenbildung zwischen der Hydroxylgruppe der Alkohole und den Oberflächenhydroxylgruppen bzw. dem Sauerstoff der Klinkerminerale kommt.

Bemerkenswert ist, daß sich bei der Darstellung der gezeigten Isothermen unter Einsetzen der adsorbierten Menge in µmol/g für alle drei untersuchten Alkohole eine einzige Isotherme ergibt, wie es Abb. 14 zeigt. Dies bedeutet, daß die adsorbierte Menge keine Funktion der Molekularmasse der Alkohole ist, sondern eine Funktion der Zahl ihrer Hydroxylgruppen. Diese Gruppen bewirken die lokalisierte orientierte Adsorption und eine relativ starke Bindung über Wassestoffbrücken. Gestützt wird diese Aussage durch Ergebnisse von Mahlversuchen, bei denen festgestellt wurde, daß mehrwertige Alkohole effektiver sind als die hier untersuchten einwertigen Alkohole. Mahlhilfsmittel weisen insbesondere bei der Feinstmahlung eine hohe Wirksamkeit auf. Dies läßt den Schluß zu, daß der Verminderung der Agglomeration der feinen Teilchen infolge der erzeugten Adsorptionsschichten eine große Bedeutung zukommt. Ursache für diesen Effekt muß

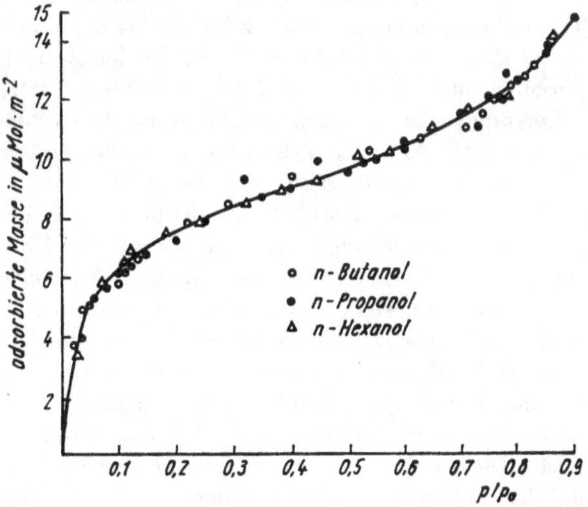

Abb. 14 Adsorptionsisothermen von n-Alkanolen (adsorbierte Menge in µmol/g eingetragen)

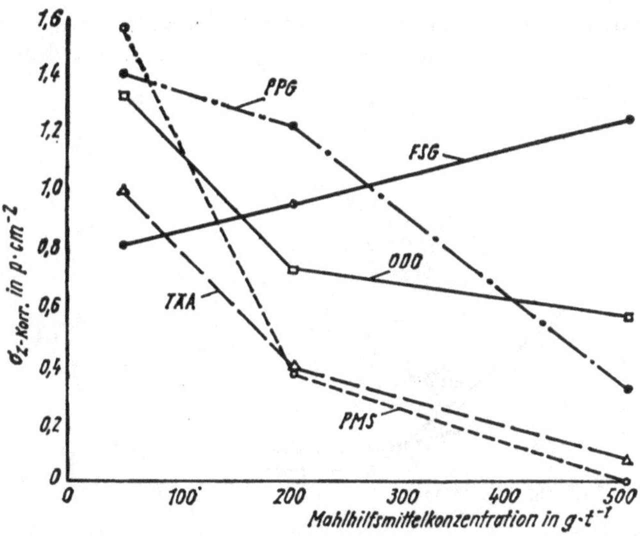

Abb. 15 Zugfestigkeit von Zementpulverschüttungen in Abhängigkeit von der Tensidkonzentration bei konstanter Mahldauer

die Verringerung der Haftkräfte in der Pulverschüttung sein. Zur Klärung dieser Frage wurden unter Verwendung einer selbstentwickelten Zugfestigkeitsapparatur für feinkörniges Schüttgut die Haftkräfte von Zement, der mit und ohne Zusatz von Mahlhilfsmitteln gemahlen worden war, bestimmt. Abb. 15 zeigt die Abhängigkeit der Zugfestigkeit von der Konzentration verschiedener oberflächenaktiver Stoffe nach Mahlung von Zementklinker in einer Laborkugelmühle bei konstanter Mahldauer von 60 Minuten. Es ist ersichtlich, daß alle Stoffe, die für Zementklinker als Mahlhilfsmittel wirken, nämlich in diesem Fall Triäthanolamin, Oktandiol, Polymethylsilikon und Polypropylenglykol, auch die Haftkräfte des gemahlenen Zementes erheblich verringern. Dagegen hat Fettsäuregemisch, das für die Zementklinkermahlung keinen Intensivikator darstellt, auch keine Verringerung der Haftkräfte zur Folge. Die Verringerung der Haftkräfte ist gleichbedeutend mit einer Verringerung der unerwünschten Agglomeratbildung beim Mahlen. Die Haftkraftverminderung ist in den Konzentrationsbereichen der einzelnen Mahlhilfsmittel am größten, in denen auch ihre günstigste Wirkung bei der Mahlung liegt.

Noch deutlicher als in der eben gezeigten Darstellung kommt der positive Einfluß der Mahlhilfsmittel auf die Haftkräfte zum Ausdruck, wenn durch Variation der Mahldauer Mahlprodukte mit weitgehend einheitlichem Körnungsaufbau erzeugt werden. Die Ergebnisse solcher Untersuchungen sind für Triäthanolamin und Oktandiol in Abb. 16 dargestellt. Die für Oktandiol günstigste Zugabemenge liegt in der Praxis bei 350 g/t und das ist gerade die Konzentration, bei der die Zugfestigkeit und damit die Haftkräfte der Zementpulverschüttungen am geringsten sind. Für Triäthanolamin liegt dieser Wert bei 200 g/t, wobei bei 100 g/t bereits merkliche Effekte hervorgerufen werden.

Die gute Übereinstimmung der Ergebnisse der Haftkraftmessungen mit denen der Labor- und Betriebsmahlversuche und weitere Untersuchungen, bei denen

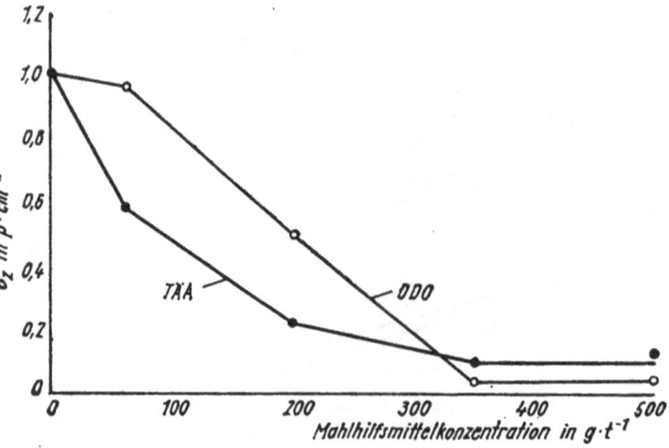

Abb. 16 Zugfestigkeit von Zementpulverschüttungen gleicher Körnung bei Einsatz von Oktandiol und Triäthanolamin als Mahlhilfsmittel

u. a. das Anbacken des Mahlgutes in technischen Mühlen verfolgt wurde, lassen den Schluß zu, daß die Mahlhilfsmittelwirkung bevorzugt auf eine Verringerung der Agglomeratbildung während der Feinmahlung durch verminderte Haftkräfte im Mahlprodukt zurückzuführen ist. Mit der Verrringerung der Haftkräfte ist in allen Fällen eine Verbesserung der Fließfähigkeit des Mahlgutes verbunden, die u. a. zu einer Verkürzung der Verweilzeit des Materials in der Mühle führt.
Neben der Grundlagenforschung über die Wirkungsweise der Mahlhilfsmittel sind bereits seit längerer Zeit Bemühungen um ihren großtechnischen Einsatz in der Produktion im Gange. Das ist auch inzwischen in Mahlanlagen der Zementindustrie und bei der Zerkleinerung weiterer Rohstoffe in mehreren Fällen erfolgreich gelungen. Bei Betriebsversuchen in dieser Richtung gelang es z. B. im Eichsfelder Zementwerk, durch Zugabe von geringen Mengen Hexantriol bei der Klinkermahlung den Durchsatz der Mahlanlage um 30% und in einigen Versuchsphasen sogar um 40% zu erhöhen. Dieses Ergebnis ermuntert natürlich zu weiteren Anstrengungen in dieser Richtung.

Neben Betriebserprobungen und der Grundlagenforschung zur Aufklärung des Wirkungsmechanismus der Mahlhilfsmittel sowie der Erarbeitung von Auswahlkriterien für ihren Einsatz sind bei weiteren Forschungsarbeiten vor allem noch verfahrenstechnische Grundfragen ihrer Anwendung zu klären. So sind z. B. noch Untersuchungen über die Auswirkungen der Tenside auf die Mahlgutbewegung durch die Mahlkörperschüttung, über günstige Mahlkörpergröße und Mahlraumgestaltung sowie die Ermittlung der optimalen Mühlendrehzahl angebracht, um das bestmögliche Ergebnis zu erreichen und die komplizierten technologischen Prozesse in Großmahlanlagen sicher zu beherrschen.

Im Forschungsinstitut für Aufbereitung ist ein großes Kollektiv um die Weiterentwicklung von Wissenschaft und Technik auf dem Gebiet der Zerkleinerung bemüht. Stellvertretend für viele seien die Namen Dipl.-Ing. Eibisch, Dr. Scheibe, Dr. Bernhardt, Dr. Hoffmann, Dipl.-Ing. Dombrowe, Dipl.-Ing. Lippek, Dr. Heegn, Dr. Huhn, Dr. Ludwig und Dr. Göll genannt, deren Arbeitsergebnisse hier zusammenfassend dargestellt worden sind.

MIX
Papier | Fördert gute Waldnutzung
FSC® C083411

Zeitfracht Medien GmbH
Ferdinand-Jühlke-Straße 7
99095 Erfurt, Deutschland
produktsicherheit@kolibri360.de